# 奇妙的数学

## 激发大脑潜能的经典名题

升级版

江安海 / 编
张擎原 / 审

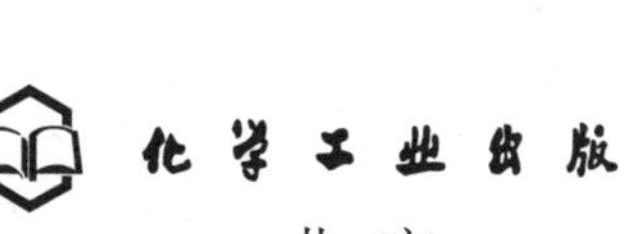


· 北京 ·

## 内容简介

在人类的历史长河中，数学家们总结发现过许多奇妙的数学问题，它们如夜空中的繁星，闪烁着熠熠星辉，体现了客观世界的规律之美、人类的智慧之美以及自然界的和谐之美。直到今天，这些经典的数学问题仍然受到大家的喜爱。阅读并思考这些问题，是启迪数学思维、培养兴趣爱好、拓宽知识视野的好方法。

本书精选了32个专题，每个专题都以故事的形式分享了数学问题背后的历史故事及人物轶事，设置了同类的例题进行详细讲解，还精选了8道习题供读者练习提升。快来和古今中外的数学家、物理学家等历史上的超强大脑们，做一次穿越时空的亲密接触吧！

本书适合作为小学中高年级学生和初中生的数学课外读物，也可供数学爱好者阅读。


**图书在版编目（CIP）数据**

奇妙的数学：激发大脑潜能的经典名题：升级版/江安海编. —北京：化学工业出版社，2024.6

ISBN 978-7-122-45568-0

Ⅰ. ①奇… Ⅱ. ①江… Ⅲ. ①数学-少儿读物 Ⅳ. ①01-49

中国国家版本馆CIP数据核字（2024）第092057号

责任编辑：提　岩　旷英姿　　　文字编辑：周家羽

责任校对：李露洁　　　装帧设计：史利平

出版发行：化学工业出版社

（北京市东城区青年湖南街13号　邮政编码100011）

印　　刷：北京云浩印刷有限责任公司

装　　订：三河市振勇印装有限公司

710mm×1000mm　1/16　印张19½　字数224千字

2024年8月北京第1版第1次印刷

购书咨询：010-64518888　　　售后服务：010-64518899

网　　址：http://www.cip.com.cn

凡购买本书，如有缺损质量问题，本社销售中心负责调换。

定　　价：59.80元

# 前 言

趣味数学题深受大家的喜爱，原因在于这些奇妙的数学题来源于实际的工作和生活，容易被人们理解和接受。

从中国的《周髀算经》《孙子算经》《九章算术》到西方的《希腊诗文集》《计算之书》《让年轻人更机智的问题集》等，从中国的秦九韶、张邱建、程大位到欧洲的高斯、斐波那契、欧拉、牛顿等，历史上经由这些经典著作和名家而出现的数学名题，体现了客观世界的规律之美、人类的智慧之美以及自然界的和谐之美，历经社会变迁，仍经久不衰。阅读并思考这些经典的数学问题，是启迪数学思维、培养兴趣爱好、拓宽知识视野的好方法。

牛顿曾经说过："在科学的学习中，题目比规则要有用多了。"解决趣味数学题需要一些特定的数学知识和一些基本的推理技巧，但更多的是需要想象力和关注力、兴趣和灵感。学习和研究经典的数学题，重点在于用数学的方法观察问题、思考问题，训练大脑的数学思维能力。数学思维能力就是用最简单的模型来构造、解释及预测自然世界的能力。

本书收录了数百道经典数学习题，精选例题进行详细讲解，还介绍了这些经典名题背后的数学家及其轶事，习题附有参考答案，以方便读者练习。

本书适合中小学生作为数学课外读物，旨在衔接课内知识点、拓展课外知识面、锻炼数学思维能力、帮助学生们形成良好的思维习惯。

因水平和时间所限，书中或有不足之处，敬请读者指正。

编者

2024年2月

# 目 录

## 1 高斯巧算

# 等差数列及其求和

德国著名的数学家高斯（1777—1855）是近代数学的奠基者之一，享有“数学王子”之称。高斯对数论、代数、统计、分析、微分几何、大地测量学、地球物理学、力学、静电学、天文学、矩阵理论和光学皆有贡献，以“高斯”命名的成果达110项之多。

高斯10岁的时候，他所在的学校开始上算术课。有一天，算术老师比特纳先生出了一道加法题：从81297开始，下一个数比前一个数始终多198，一直累加到第100个数，和等于多少？

$$81297+81495+81693+\cdots+100503+100701+100899=?$$

拿到这道题，估计大多数人会这样做题：

$$\begin{array}{r}81297\\+81495\\\hline 162792\end{array}\quad\begin{array}{r}162792\\+\ 81693\\\hline 244485\end{array}\quad\begin{array}{r}244485\\+\ 81891\\\hline 326376\end{array}\quad\cdots$$

考虑到每一项数都要累加198，这样做大概要有200个算式，会耗费很长的时间，并且每一个步骤都不允许算错。这真是一个累人的差事！

比特纳老师刚刚在黑板上写下题目没多久，高斯就算出了答案：

9109800

高斯是如何做到计算得又快又准呢？首先，把81297、81495、81693、…、

100899在纸上从小到大写成一行，然后再将这100个数按从大到小的顺序再另写一行，并且依次与第一行的数上下对齐：

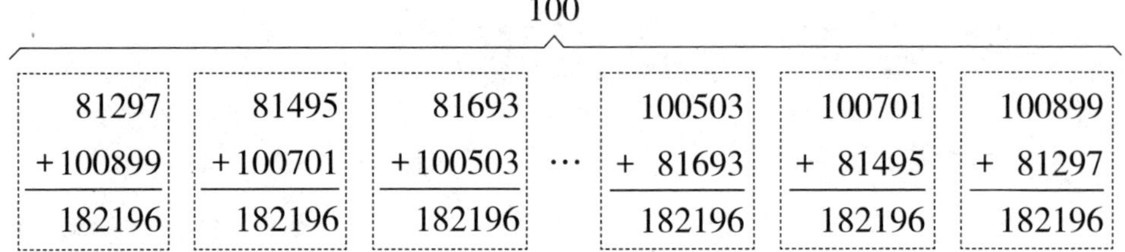


这样就会发现上面的100组数的和完全相同，均为182196，所求的答案为：

$$182196 \times 100 \div 2 = 9109800$$

比特纳老师出的算术累加习题属于项数有限的等差数列求和问题。

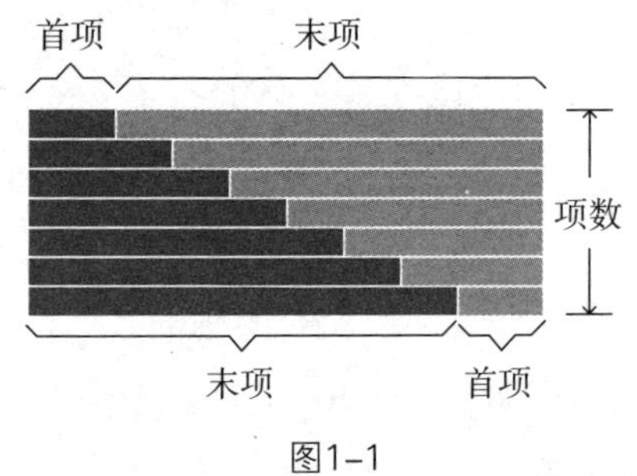


图1–1

对于全部为正的等差数列，可以形象地理解成上面的情形：如图1–1所示，图中条的长短表示每项的大小，按各项的大小，从上到下依次排列成为一个梯形，而两个相同的梯形交错组合在一起，就构成了一个矩形。梯形面积相当于等差数列的和，矩形面积相当于梯形面积的两倍。

类比于梯形的面积公式，就可以得到等差数列的求和公式：

$$和 = (首项 + 末项) \times 项数 \div 2$$

**例题1.1** 一个女子不善织布，结果每天织布的数量按相同的数量递减，第一天她织布的数量是5尺，最后一天她织布的数量是1尺，她织布的总天数是30天，那么，她一共织了多少尺布？（改编自北魏的《张邱建算经》）

**解答**

这个女子每天织布的数量构成等差数列。考虑到递增的等差数列更容易理解，不妨倒过来处理，将最后一天的织布数量作为首项，第一天的织布数量作为末项，写出已知条件如下：

$$首项=1 \qquad 末项=5 \qquad 项数=30$$

这样，女子织布的总数量为：

$$(首项+末项)\times 项数\div 2=(1+5)\times 30\div 2=90（尺）$$

这个女子一共织了90尺布。

**例题1.2** 小明在读一本小说，第一天读了10页，以后，他每天都比前一天多读2页，最后一天他读了50页，恰好把这本小说读完了，请问：这本小说一共有多少页？

**解答**

按题意，列出这个等差数列，即

$$10,12,14,16,\cdots,48,50$$

其首项是10，末项是50，公差是2。

$$末项=首项+(项数-1)\times 公差$$

因此，有

$$项数=(末项-首项)\div公差+1=(50-10)\div2+1=21$$

这样，有

$$(10+50)\times21\div2=630\text{（页）}$$

这本小说一共有630页。

**例题1.3** 聪聪所在的班级一共有35个学生，在一次数学竞赛中，聪聪排在第18名，并且他的成绩是60分。数学老师说，这个班级学生的成绩恰好构成了一个等差数列，你能知道这个班级学生的总分是多少吗？

**解答**

用首项、末项、项数和公差的公式计算这个班级的总成绩，令人束手无策。

仔细分析会发现，这个班级的人数即等差数列的项数是奇数，并且聪聪的排名恰好是等差数列的中间项，假设等差数列的公差是$d$，那么，将班级学生的成绩从低到高排列，有

| $60-17d$ | $\cdots$ | $60-2d$ | $60-d$ | $60$ | $60+d$ | $60+2d$ | $\cdots$ | $60+17d$ |
|---|---|---|---|---|---|---|---|---|
| 第35名 | | 第20名 | 第19名 | 第18名 | 第17名 | 第16名 | | 第1名 |

第18名的成绩是等差数列的中间项，第1名和第35名的成绩之和、第2名和第34名的成绩之和、…、第16名和第20名的成绩之和、第17名和第19名的成绩之和均等于中间项的两倍。这样，就得到项数为奇数的等差数列的求和公式：

$$和=中间项\times项数$$

这个班级学生的总分为$60\times35=2100$（分）。

**例题1.4** 明明所在的班级组建了数学兴趣小组，包括明明在内，这个小组共有10位同学参加。最近的一次测验中，这个小组每位同学的得分都是整数，并且恰好构成了一组等差数列。明明的成绩是94分，小组的总分是835分。请问：最高分和最低分分别是多少？

**解答**

只有10个数，不妨直接将这些数列出来，穷举法是解算术题经常用到的技巧。

根据公式：

$$和=(首项+末项)\times项数\div2$$

可以知道，最高分+最低分$=835\div10\times2=167$。加起来等于167的分数共有5组，与94分相对应的分数为$167-94=73$（分）。

（1）假设公差是1

则最高分和最低分的差是9，而$94-73=21>9$，这样，可以排除公差为1的可能性。

（2）假设公差是2

明明的分数是94分，则所有的分数将是偶数，73分不会出现，可以排除公差是2的可能性。

（3）假设公差是3

(94−73) ÷ 3+1=8

在94至73之间（包括94和73）一共有8项，在两边再各加1项。

97 94 91 88 85 82 79 76 73 70

这10个数才是符合条件的得分情况。因此，最高分是97分，最低分是70分。

## 习题一

**第1题** 计算下列各算式：

（1）1+2+3+⋯+100

（2）3+5+7+9+11+13+15+17+19+21+23+25+27

**第2题** 有等差数列11,14,17,20,⋯,请问第30项是多少?

**第3题** 小明在黑板上写下了若干个数，这些数构成了等差数列。结果，又来了一名同学，他把小明的板书擦了好大一部分，只能看清楚第7个数是28，第30个数是74。请问第1个数是多少？

**第4题** 一个女子善织布，织布数量每天均匀地增加，她第一天织布数量为5尺，她30天织布的总数是390尺。请问：这个女子每天增加的织布数量是多少？

**第5题** 塔楼的木梯有50级，第一级台阶上有1只鸽子，第二级台阶上有3只鸽子，第三级台阶上有5只鸽子，……，依此类推，台阶上的鸽子数量构成了等差数列。请问：梯上共有多少只鸽子？

**第6题** 人们走进石榴果园，第1个人摘下2个石榴，第2个人摘下4个石榴，第3个人摘下6个石榴，依此类推，后进来的每个人都比前一个人多摘2个。当果园中的石榴全部被摘下后，平均分配给每个摘石榴的人，每个人得8个石榴。请问：有多少人参与摘石榴？

**第7题** 有一棵神奇的树上长了58个果子，第一天会有1个果子从树上掉落，从第二天起，每天掉落的果子数量比前一天多1个，但如果某天树上的果子数量少于这一天本应该掉落的数量时，那么这一天它又重新从掉落1个果子开始，按原规律进行新的一轮。如此继续，那么多少天树上的果子会掉光？

**第8题** 有600个苹果，分配给5个人，使得每个人得到的苹果数量构成等差数列，并且得到较多的三个人的苹果数量之和的七分之一恰好是较少的两个人的苹果数量之和。请问：每个人获得的苹果数量是多少？

## 2 芝诺悖论

# 等比数列的奥妙

芝诺（约公元前490—约公元前425）是古希腊著名的数学家和哲学家，以一系列的“芝诺悖论”而著称。

所谓悖论，就是在同一个推理过程中隐含着两个相互对立的结论，并且这两个结论都能自圆其说。芝诺悖论中较为著名的一个悖论是关于二分法的，说的是一个人永远都无法走到终点：

一个人从A点走到B点，要先走完总路程的$\frac{1}{2}$，再走完剩下路程的$\frac{1}{2}$，再走完剩下的$\frac{1}{2}$，……，如此循环下去，他将永远都不能走到终点。

二分法悖论中，假设这个人的速度恒定，走完总路程所需的时间为单位1。这样，他走完总路程的$\frac{1}{2}$所需的时间是$\frac{1}{2}$，他再走完剩下路程的$\frac{1}{2}$所需的时间为$\frac{1}{2}\times\frac{1}{2}$，再走完剩下路程的$\frac{1}{2}$所需的时间为$\frac{1}{2}\times\frac{1}{2}\times\frac{1}{2}$，……，如此下去，他走到B点的时间为$T$，有

$$T=\frac{1}{2}+\frac{1}{2}\times\frac{1}{2}+\frac{1}{2}\times\frac{1}{2}\times\frac{1}{2}+\cdots+\left(\frac{1}{2}\right)^n+\cdots\quad(n=1,2,3,\cdots)$$

其中，$\left(\frac{1}{2}\right)^n$读作“二分之一的$n$次幂”，表示$n$个$\frac{1}{2}$的乘积：

$$\left(\frac{1}{2}\right)^n=\overbrace{\frac{1}{2}\times\frac{1}{2}\times\frac{1}{2}\times\cdots\times\frac{1}{2}}^{n}$$

在芝诺看来，这个人从A点到达B点始终要走过剩下路程的一半，虽然剩下的路程越来越短，穿过剩下的路程的一半所需要的时间间隔也越来越小，但是总是比零要大，只要无限地分割下去，时间之和也可以无限地累加，这样，这个人似乎永远都无法到达B点。显然，这与实际发生的现象并不相符，形成悖论。

如图2–1所示，从A点到B点的时间趋近于1，就是说，当$n$趋近于无限大，$T=\frac{1}{2}+\frac{1}{2}\times\frac{1}{2}+\frac{1}{2}\times\frac{1}{2}\times\frac{1}{2}+\cdots+\left(\frac{1}{2}\right)^n+\cdots$就无限趋近于1。

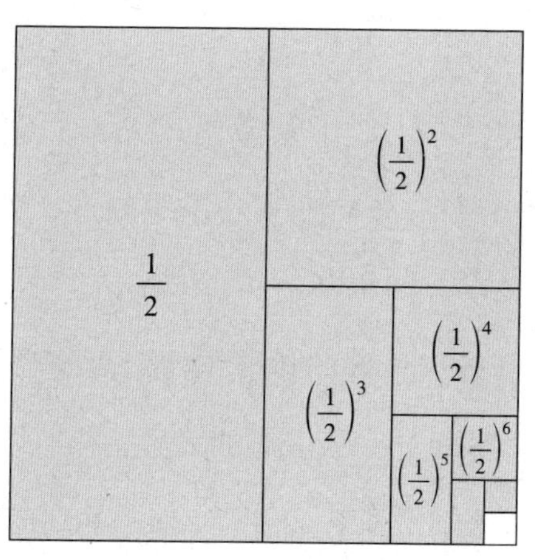


图2–1

芝诺悖论涉及时间、空间的连续性以及无限大、无限小等概念。中国的古典名著《庄子·天下》篇中也提到：“一尺之棰，日取其半，万世不竭。”就是说，一尺长的木杖，每天只截取它的一半，就可以无休止地截取下去，永远都不可能截完。

现代量子物理学的研究证实，时间和空间不可以无限分割，在理论上彻底解决了芝诺悖论。

$$\frac{1}{2}, \frac{1}{2}\times\frac{1}{2}, \frac{1}{2}\times\frac{1}{2}\times\frac{1}{2}, \cdots, \left(\frac{1}{2}\right)^n, \cdots$$

这些数构成了一个等比数列。所谓的等比数列，除第一项外，数列的每一项都是前一项乘以一个固定倍数，这个倍数称为公比。

假设等比数列$\{a_n\}(n=1,2,3,\cdots)$的公比是$q$（$q\neq 0$），和是$S$，则有以下关系式成立：

$$a_n=a_1q^{n-1}\quad(n=1,2,3,\cdots)$$

$$S=a_1+a_1q+\cdots+a_1q^{n-1}=a_1(1+q+\cdots+q^{n-1})$$

因此，等比数列前$n$项的求和就转化为如何求$1+q+\cdots+q^{n-1}$的和。

记

$$Q=1+q+\cdots+q^{n-1}$$

对该等式的两边分别乘以$q$，有

$$qQ=q+q^2+\cdots+q^n$$

整理，得

$$qQ=1+q+q^2+\cdots+q^{n-1}+q^n-1$$

$$qQ=Q+(q^n-1)$$

$$Q=\frac{q^n-1}{q-1}$$

等比数列的求和公式：

$$S=a_1\frac{q^n-1}{q-1}$$

**例题2.1** 有牛、马、羊吃了别人家的青苗，青苗的主人要求得到49斤米的赔偿。羊的主人说："我的羊吃的青苗相当于马吃的一半。"马的主人说："我的马吃的青苗相当于牛吃的一半。"现在要求按它们吃青苗

的数量进行赔偿，问：各赔偿多少斤米？（改编自《九章算术》衰分之二）

**解答**

按题意，羊、马、牛的主人赔偿青苗主人米的数量构成等比数列，设羊主人赔偿米的数量为1份，则马主人赔偿米的数量为2份，牛主人赔偿米的数量为4份。赔偿的总份数是：1+2+4=7（份）。

这样，羊主人赔偿米：$49\times\frac{1}{7}=7$（斤）。

马主人赔偿米：$49\times\frac{2}{7}=14$（斤）。

牛主人赔偿米：$49\times\frac{4}{7}=28$（斤）。

**例题2.2** 在两个数2和3之间，第一次写上5，第二次在2和5，5和3之间分别写上7和8，也就是说，每次都在已写上的两个相邻的数之间写上这两个相邻数之和。这样的过程重复了6次，请问：所有数之和是多少？

**解答**

第一次：2、5、3，增加的数是5。

第二次：2、7、5、8、3，增加的数是7和8，7+8=15。

第三次：2、9、7、12、5、13、8、11、3，增加的数是9、12、13、11，9+12+13+11=45。

第四次：2、11、9、16、7、19、12、17、5、18、13、21、8、19、11、14、3，增加的数是11、16、19、17、18、21、19、14，增加的数之

和为135。

不难发现其中的规律：5、15、45、135构成等比数列，公比为3。

可以验证，第五次增加的数之和为405，第六次增加的数之和为1215。

$$5+15+45+135+405+1215=5\times\frac{3^6-1}{3-1}=1820$$

这样，所有的数之和为1820+2+3=1825。

**例题2.3** 有织女善织布，她每天的织布数都是前一天织布数的2倍，她织了5天，一共织了31尺布，请问：这5天她每天织了多少尺布？（改编自《九章算术》衰分之四）

**解答**

按题意，织女5天的织布数构成等比数列。

假定第一天的织布数量为1尺，5天的织布数分别是：1、2、4、8、16尺，5天织布总数为：1+2+4+8+16=31（尺）。

这样，织女第一天的织布数是$31\times\frac{1}{31}=1$（尺）；织女第二天的织布数是$31\times\frac{2}{31}=2$（尺）；第三天的织布数是4尺；第四天的织布数是8尺；第五天的织布数是16尺。

**例题2.4** 无限循环小数可以表达成等比数列求和的形式，例如，无限循环小数$0.\dot{7}$可以表示为：

$$0.\dot{7}=0.7+0.07+\cdots+0.0\cdots07+\cdots$$

请把它表示成分数的形式。

**解答**

$$\overbrace{0.7+0.07+\cdots+0.0\cdots07}^{n}=7\times\left(\frac{1}{10}+\frac{1}{10^2}+\cdots+\frac{1}{10^n}\right)=\frac{7}{10}\times\left(1+\frac{1}{10}+\cdots+\frac{1}{10^{n-1}}\right)$$

$$1+\frac{1}{10}+\cdots+\frac{1}{10^{n-1}}=\frac{\left(\frac{1}{10}\right)^n-1}{\frac{1}{10}-1}=\frac{10}{9}\left[1-\left(\frac{1}{10}\right)^n\right]$$

当$n$趋近于无限大的数时，$\left(\frac{1}{10}\right)^n$的值也无限地趋近于零。也就是说，当$n$趋近于无穷大时，$\frac{10}{9}\left[1-\left(\frac{1}{10}\right)^n\right]$的值也无限地趋近于$\frac{10}{9}$。即：

$$0.\dot{7}=\frac{7}{10}\times\frac{10}{9}=\frac{7}{9}$$

## 习题二

**第1题** 求$1+2+4+\cdots+1024=?$

**第2题** 数列1,3,7,15,31,…,请问第10项是多少？

**第3题** 等比数列$\{a_n\}$中，$a_1=1$，公比为$q$，且$0<q<1$，如果$a_m=a_2a_3a_5$，那么，请问$m$是多少？

**第4题** 若干个苹果分配给5个人，已知其中一人得到3个苹果，然后依次以3为公比递增分配，请问：这5个人各分得多少个苹果？一共有多少个苹果？

**第5题** 由金、银、铜、锡组成的合金，质量为320克，其中银的含量是金的3倍，铜的含量是银的3倍，锡的含量又是铜的3倍。请问：合金中金、银、铜、锡各含多少？

**第6题** 8匹马、9头牛和14只羊，吃了人家稻田中的秧苗，经协商，马、牛、羊的主人共赔偿稻田主人家64斤粮食。一头牛相当于两只羊，一

匹马相当于两头牛。问：马、牛、羊的主人各赔偿多少斤粮食？（改编自《算法统宗》卷十）

**第7题** 某商人卖15块矿石，第1块卖1元钱，第2块卖2元钱，第3块卖4元钱，每块都加倍卖出去。请问：售完矿石后，他会得到多少钱？

**第8题** 7个妇女在去罗马的路上，每个妇女有7匹骡子，每匹骡子驮7个袋子，每个袋子里装有7个面包，每个面包配备7把餐刀。请问：骡子、袋子、面包、餐刀的数量一共有多少？

# 3 自然的魔法

## 神奇的斐波那契数列

在小说《达·芬奇密码》中，作者丹·布朗描写了法国巴黎卢浮宫博物馆馆长雅克·索尼埃被暗杀的案件，雅克·索尼埃临死前留下了由8个数组成的序列，这个序列涉及神奇的斐波那契数列，成为整部小说中的关键线索。

斐波那契（1175—1250）是意大利数学家。年轻的斐波那契认为使用阿拉伯数字比使用罗马数字更有效，便前往地中海一带向著名的阿拉伯数学家求学，约在1200年回到意大利。

1202年，27岁的斐波那契将其所学写进了《计算之书》。在《计算之书》中，斐波那契提出了关于兔子繁殖的著名问题。

假设一对成年兔子每个月可以生下一对小兔子（一雌一雄）。在年初时，只有一对刚出生的小兔子，小兔子经过一个月的生长，在第一个月结束后成为成年兔子，并且在下一个月内生下一对小兔子。这种成长和繁殖的过程会一直延续下去，并且这个过程中不会有兔子死亡。那么，第一年结束时，将有多少对兔子？

兔子繁殖的过程可以通过图3-1的“兔子繁殖树”来表示。从图中可见：一对未成年小兔子要生长到下一个月才成年，而一对成年兔子会在下一个月再生下一对小兔子，……，如此往复。

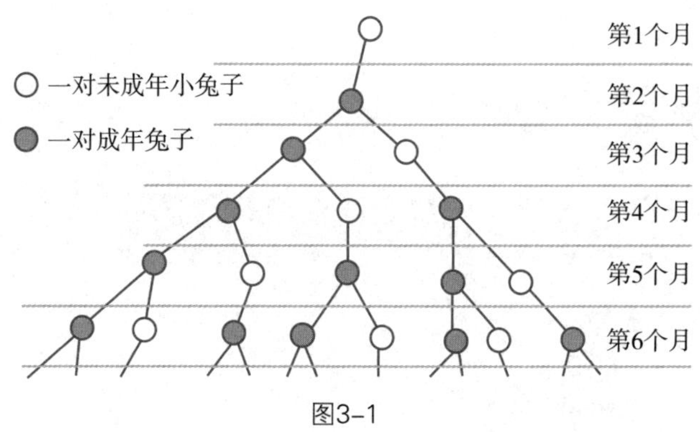


图3-1

如果用$a_n$表示$n$个月的兔子的对数，可以看出，兔子出生遵循下面的基本斐波那契等式：

$$a_{n+2}=a_{n+1}+a_n \quad n=1,2,\cdots$$

每个月兔子的总对数形成表3-1中的数列，第12个月结束前将拥有144对兔子。

**表3-1**

| 月份 | 1 | 2 | 3 | 4 | 5 | 6 | 7 | 8 | 9 | 10 | 11 | 12 |
|---|---|---|---|---|---|---|---|---|---|---|---|---|
| 兔子的对数 | 1 | 1 | 2 | 3 | 5 | 8 | 13 | 21 | 34 | 55 | 89 | 144 |

想一想，如果将基本斐波那契数列的各项加起来会如何？

$$1+1=2$$

$$1+1+2=4$$

$$1+1+2+3=7$$

$$1+1+2+3+5=12$$

$$1+1+2+3+5+8=20$$

$$1+1+2+3+5+8+13=33$$

$$1+1+2+3+5+8+13+21=54$$

$$1+1+2+3+5+8+13+21+34=88$$

$$\cdots$$

这些斐波那契数相加的结果也组成了一个新的序列，只要将它们排列在基本斐波那契数列的下面，并且加一个适当错位：

| 斐波那契数列 | 1 | 1 | 2 | 3 | 5 | 8 | 13 | 21 | 34 | 55 | 89 | … |
|---|---|---|---|---|---|---|---|---|---|---|---|---|
| 各项和数列 | | 2 | 4 | 7 | 12 | 20 | 33 | 54 | 88 | … | | |

仔细观察会发现：$a_1+a_2+\cdots+a_n=a_{n+2}-1$

斐波那契数列平方和也很有趣。如图3–2所示，可以直接观察到如下的关系式：

$$a_1^2+a_2^2+\cdots+a_n^2=a_n(a_n+a_{n-1})$$

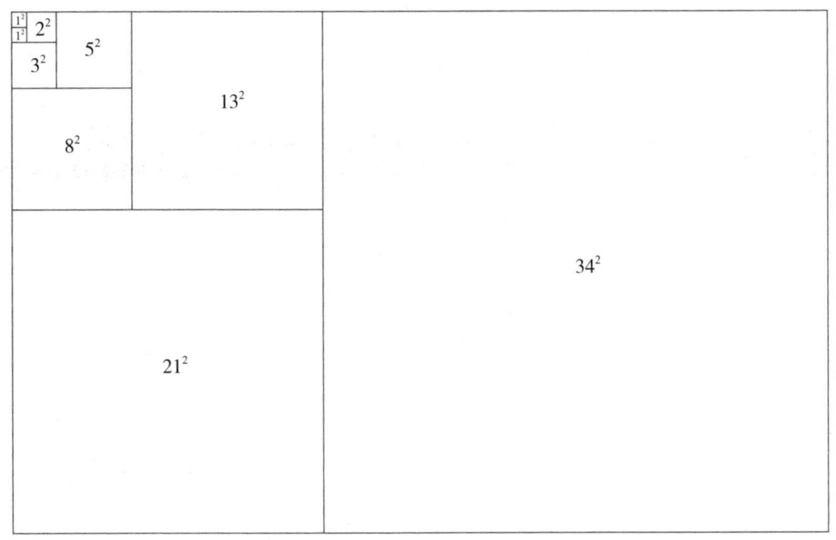


图3–2

斐波那契数在自然界中随处可见，大部分植物的花，其花瓣都是斐波那契数。例如，兰花、茉莉花、百合花有3个花瓣，毛茛属的植物有5个花瓣，翠雀属植物有8个花瓣，万寿菊属植物有13个花瓣，紫菀属植物有21个花瓣，而雏菊属植物有34、55或者89个花瓣。

**例题3.1** 育新学校的教学楼大厅从一楼到二楼有9级台阶，一次可以走上一级台阶或者跨上两级台阶。请问：从一楼走到二楼一共有多少种走法？

**解答**

记$n$级台阶时的走法数量为$F_n$，如图3–3所示。

当楼梯只有1级台阶时，走法数量为$F_1=1$；

当楼梯有2级台阶时，走法数量为$F_2=2$；

当楼梯有3级台阶时，走法数量为$F_3=3$；

| 台阶级数 | 登楼方式 | 走法数量 |
| --- | --- | --- |
| 1 |  | 1 |
| 2 | 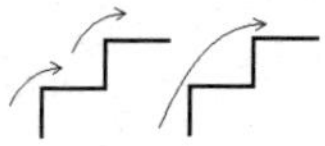 | 2 |
| 3 | 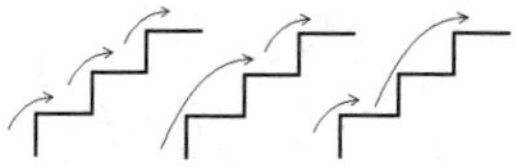 | 3 |
| 4 | 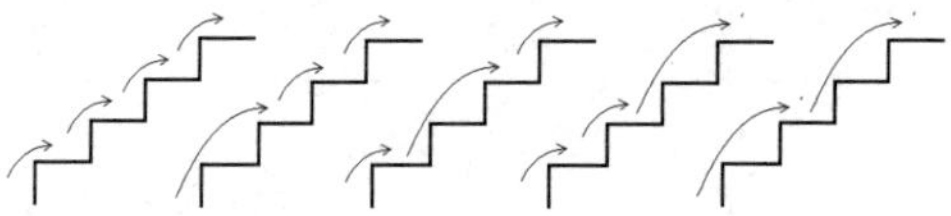 | 5 |
| … | … | … |

图3–3

当楼梯有4级台阶时，走法数量为$F_4=5$；

……

因为可以一次登上一级台阶或者两级台阶，有

$$F_n=F_{n-1}+F_{n-2}$$

上楼梯的走法数量为$\{F_n\}=\{1,2,3,5,8,13,21,34,55,\cdots\}$，构成斐波那契数列。因此，当从一楼到二楼有9级台阶时，共有55种不同的走法。

**例题3.2** 一只蜜蜂从蜂房A出发，想爬到1、2、3、…、$n$号蜂房（如图3-4所示），只允许蜜蜂自左向右爬，不允许反方向爬。那么，蜜蜂爬到每个蜂房的路线数是多少？

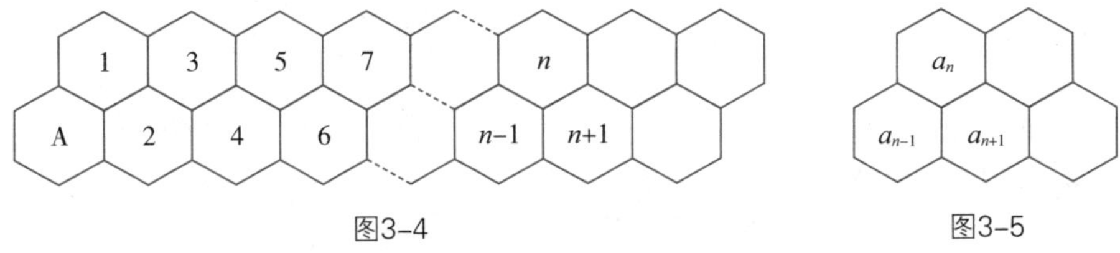


图3-4　图3-5

## 解答

如图3-5所示，假设进入第$n$个蜂房有$a_n$条路线，进入到$n+1$号蜂房只能从$n-1$号和$n$号蜂房进入，所以，有下面的关系式成立：

$$a_{n+1}=a_n+a_{n-1}$$

1号蜂房只能由A号蜂房进入，路线数为1；2号蜂房可以从A号和1号蜂房进入，路线数为2；3号蜂房可以从1号和2号蜂房进入，路线数为3；4号蜂房可以从2号和3号蜂房进入，路线数为5；……，依此类推。

这样，每个蜂房的路线数为$\{a_n\}=\{1,2,3,5,8,13,\cdots\}$，构成斐波那契数列。

**例题3.3** 桌子上有13颗围棋子，两个人进行取子比赛，看谁能拿到最后一颗棋子。规则如下：（1）甲先取棋子，且第一次不能取走全部的棋子；（2）其后，乙和甲轮流取棋子，每次至少取走一颗棋子，并且不能超过对方前一次取走棋子数目的两倍。请分析一下两方输赢的情况。

**解答**

按题意，后取子的人只要策略适当，一定能赢。本题中，后取子的为乙，他的胜算策略如下：

记$\{F_n\}=\{2,3,5,8,13\}$是斐波那契数列中的5项。

（1）假设桌子上有$F_1=2$颗棋子。

根据题意，甲先取子，且只能取走1颗，乙直接取走剩下的棋子，乙胜。

（2）假设桌子上有$F_2=3$颗棋子。

根据题意，若甲先取走1颗棋子，乙直接取走2颗棋子，乙胜；

若甲先取走2颗棋子，乙直接取走1颗棋子，乙胜。

（3）假设桌子上有$F_3=5$颗棋子。

若甲先取走1颗棋子，乙方再取时只取走1颗，还原为$F_2=3$时的情况，乙胜；

若甲先取走2颗棋子，$5-2=3<4$，乙可以一次取走余下的3颗棋子，乙胜。

（4）假设桌子上有$F_4=8$颗棋子。

根据题意，若甲取走1颗棋子，乙就取走2颗棋子，这样，就还原为$F_3=5$颗棋子的情况，乙胜；

若甲取走2颗棋子，乙就取走1颗棋子，同样还原为$F_3=5$颗棋子的情况，乙胜；

若甲取走3颗或3颗以上的棋子，乙就取走剩下的全部棋子，乙胜。

（5）假设桌子上$F_5=13$颗棋子。

根据题意，若甲取走1颗棋子，乙也取1颗棋子，这时，甲无论取1颗还是2颗棋子，乙方只要将余下的棋子数变成8颗，就还原为$F_4=8$的情况，乙胜；

若甲取走2颗棋子，乙再取3颗棋子，还原为$F_4=8$的情况，乙胜；

若甲取走3颗棋子，乙再取2颗棋子，还原为$F_4=8$的情况，乙胜；

若甲取走4颗棋子，乙再取1颗棋子，还原为$F_4=8$的情况，乙胜；

若甲取走5颗及5颗以上的棋子，乙直接取走剩下的全部棋子，乙胜。

综合以上的分析，只要策略得当，乙必胜。

**例题3.4** 有一根20厘米长的木棍，要求截取成$n$（$n>2$）段，每一段的长度不少于1厘米，并且其中任意的三段都不能拼成三角形。那么，最多能截取多少段？

**解答**

3段木棍拼成三角形的条件是其中任意两段长度之和都大于第三段，不能构成三角形的条件就是两段较短的木棍长度之和等于或者小于较长的一段。

按题意，截取木棍最短的长度是1厘米，可以先截取两段1厘米的木棍，两段长度之和为1+1=2（厘米）。

这样，第三段木棍的长度要大于或等于2厘米，为了截取最多的段数，取最小数2厘米，则剩下的木棍长度为16厘米；

依此类推，第四段木棍的长度为1+2=3（厘米），剩下的木棍长度为13厘米；

第五段木棍的长度为2+3=5（厘米），这时，剩下的第六段木棍的长度恰好为3+5=8（厘米）。

结论：最多截取6段，各段木棍的长度分别是1厘米、1厘米、2厘米、3厘米、5厘米、8厘米。

## 习题三

**第1题** $1+2+3+5+8+13+\cdots+987+1597=?$

**第2题** $2^2+3^2+5^2+8^2+\cdots 89^2+144^2=?$

**第3题** 斐波那契数列{1,1,2,3,5,8,13,…}一共100项，其中奇数个数比偶数个数多还是少，差几个？

**第4题** 有8个自然数（可以相同），从其中任意选取3个数作为长度，都无法构成三角形。那么，这8个自然数的和最小是多少？

**第5题** 有一头母牛，每年年初生一头小母牛，每头小母牛从第4年起也生一头小母牛。请问：10年后，将有多少头母牛？

**第6题** 一个楼梯共有10级台阶，规定每步可以迈一级台阶、二级台阶或者三级台阶。从地面到楼梯的最上面，一共可以有多少种不同的走法？

**第7题** 有一堆围棋子，共12颗，如果规定每次可以取1颗、2颗或者3颗棋子，那么取完这堆棋子共有多少种取法？

**第8题** 数学上可以证明，任何的自然数都可以表示为若干个不同的斐波那契数之和。1，2，3，5，8，13，21，34，55，89都属于斐波那契数，如果将100表达成若干个不同的斐波那契数之和，有多少种不同的表示方法？

## 4 数字谜题

# 覆面算和虫蚀算

这是一则源于古希腊的神话传说。

天后赫拉的侍女不小心毁坏了天帝宙斯的玉杯，赫拉为了惩罚她，对这个侍女发出了诅咒："你从此只能重复别人说过的话，除非我重复了你的话！"

智慧女神雅典娜对侍女的不幸遭遇非常同情，她带着侍女去神庙外面数一堆苹果，雅典娜说："267个。"侍女重复道："267个。"

雅典娜用神力运来267267个苹果，觐见赫拉。雅典娜说："尊敬的母后，这些苹果我要分给姐姐、弟弟和妹妹，最后的一份将奉献给您。"

她将苹果先等分成7份，将其中的6份分给了姐姐们；接着，她将剩下的苹果再等分成11份，又将其中的10份分给了弟弟们；接着，她将剩下的苹果又等分为13份，将其中的12份分给了妹妹们。

雅典娜将最后留下的一份奉献给赫拉，说："这是奉献给您的苹果，但我不知道有多少个。"赫拉满心欢喜地数着苹果，当数到最后一个苹果，赫拉大声地报数："267个！"

惩罚侍女的咒语解除了。

智慧女神雅典娜是如何做到让赫拉重复侍女的话？

注意到$7\times 11\times 13=1001$，并且有下面的恒等式成立，聪明的雅典娜利用了1001作为除数的运算性质。

$$\boxed{a}\boxed{b}\boxed{c}\boxed{a}\boxed{b}\boxed{c} \div 1001 = \boxed{a}\boxed{b}\boxed{c}$$

充分利用加减乘除的特殊运算性质，可以设计出各式各样的神奇的数字谜。数字谜是算术中非常有趣的一类题目，数字谜有助于提高大脑的推理能力和发散性思维。

**例题4.1** 文字类的数字谜也称为覆面算，表示算式中的数字被文字或字母覆盖了。覆面算的特点是不同的文字或字母代表了0～9不同的数字。下面就是一道文字覆面算，请找出乘式中汉字所对应的数字，使竖式成立：

$$\begin{array}{r} \text{我们爱做数学} \\ \times \quad\quad\quad\quad\quad \text{题} \\ \hline \text{数数数数数数} \end{array}$$

## 解答

根据题意："我""题""学""数"不等于零，"题"不等于1。

不妨从"数"入手。因为"我""题""数"三数互不相同，可以验证："数"不是1，也不是2、3、4、5、7、9。

（1）假设"数"等于6，"题"只能取值2或3，验证如下：

$$666666 \div 2 = 333333$$

$$666666 \div 3 = 222222$$

不符合条件。

（2）假设"数"等于8，得到答案。

$$
\begin{array}{r}
126984 \\
\times \quad 7 \\
\hline
888888
\end{array}
$$

**例题4.2** 下面是一道字母覆面算。请解出乘式中的五个字母的数字，使竖式成立：

$$
\begin{array}{r}
ABCDE \\
\times \quad 4 \\
\hline
EDCBA
\end{array}
$$

### 解答

数字谜题目常见的突破口：（1）观察算式的首位和末位，分析进位；（2）观察算式中数的位数，利用位数的变化进行估值；（3）选择算式中出现多次的字母或汉字为突破口。

找到突破口后，再利用穷举法分类讨论，获取更有价值的信息。

本题中，通过位数分析：$A=1$或$A=2$，否则，$A>2$，$ABCDE\times4$会成为六位数。

假设$A=1$，则$E\times4$个位上的数将为1，找不到符合条件的$E$，此假设不成立。

所以，$A=2$。$E\times4$个位上的数为2，并且$E\geqslant4\times A=8$，得到$E=8$。

$A=2$，$E=8$，这说明$B\times4$的积在千位上没有进位，因此，$B=1$或2。

$D\times4+3$个位数是奇数，即$B=1$。$D\times4$的个位数是8，这样，排除$D=2$的可能性后，得到$D=7$。

$C$可以选择的数字有3、5、6、9，直接验证即可。

$$\begin{array}{r} 21978 \\ \times\quad 4 \\ \hline 87912 \end{array}$$

**例题4.3** 如图4-1所示，这是日本的《精要算法》中的一道被称为“唯一的8”的虫蚀算题目，你能恢复方框中的数字吗?

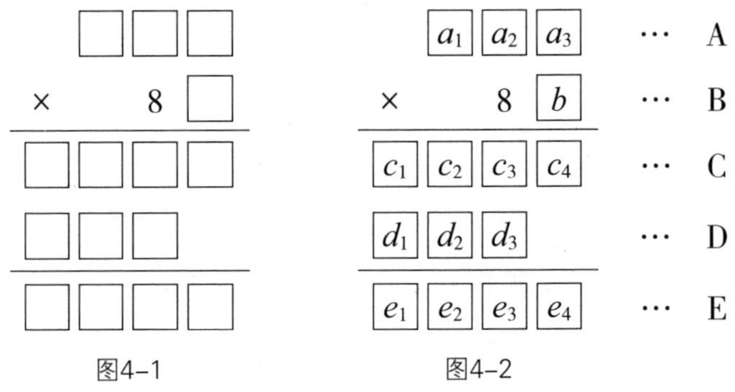

图4-1　　图4-2

## 解答

虫蚀算就是指打方框的地方都被虫蚀而损缺，需要应用代数和四则运算的技巧予以恢复。这类题目的特点是方框内是0~9的数字，并不限于有唯一解，只要能找到一组解，就可以认为解题成功。

为了描述方便，如图4-2所示，对虫蚀算乘式中的方框进行编码，每个符号都代表了一个数字。

A行的$\overline{a_1a_2a_3}\times 8=\overline{d_1d_2d_3}$是三位数，得到$a_1=1$。

而$\overline{a_1a_2a_3}\times b=\overline{c_1c_2c_3c_4}$为四位数，得到$b>8$，显然$b=9$。

因为$a_1=1$，则$d_1\geqslant a_1\times 8=8$。

又因为$c_1+d_1=e_1<10$，所以，$d_1=8$，$c_1=1$，$e_1=9$。

如图4-3所示，假设$a_2\geqslant 2$，$\overline{1a_2a_3}\times 8$的百位数将是9，矛盾，因此$a_2=1$。

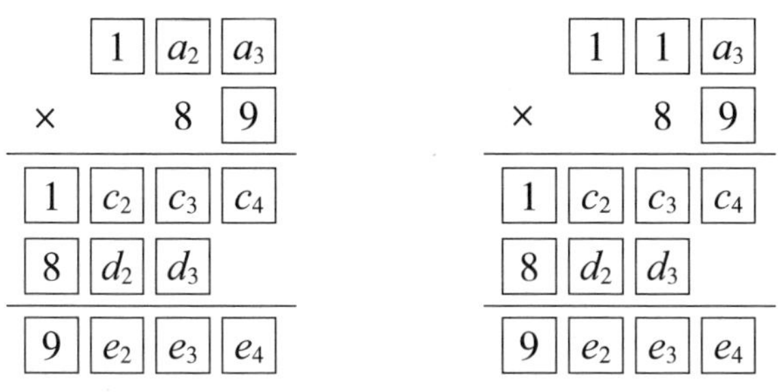

图4-3

继续推算，得出$a_3=2$，理由如下：

（1）如果$a_3<2$，即$a_3=0$或$a_3=1$，那么，有$110\times 9=990$，$111\times 9=999$，全部是三位数，不符合题意。

（2）如果$a_3>2$，例如$a_3=3$，那么，$113\times 8=904$，这与前面$d_1=8$矛盾。

至此，这道虫蚀算恢复成功。

$$
\begin{array}{r}
1\,1\,2 \\
\times \quad 8\,9 \\
\hline
1\,0\,0\,8 \\
8\,9\,6\phantom{\,8} \\
\hline
9\,9\,6\,8
\end{array}
$$

**例题4.4** 在二十世纪初，始于东方的虫蚀算流传到了西方，在欧洲也成为趣味数学界的热门话题。如图4-4所示，这是虫蚀算大师奥德林先生精心制造的被称为“孤独的7”的习题。你能做出来吗？

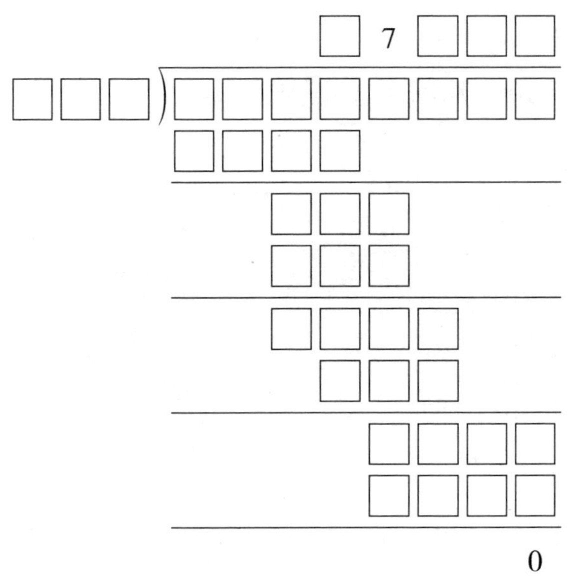

图4-4

## 解答

如图4-5所示，对虫蚀算除式中的方框进行编码，每一个符号都代表着一个数字。其中：被除数为$\overline{b_4b_5b_6b_7b_8b_9b_{10}b_{11}}$，除数是$\overline{b_1b_2b_3}$，除式的商是$\overline{a_17a_2a_3a_4}$。

（1）$\overline{b_1b_2b_3}\times 7=\overline{e_1e_2e_3}$是三位数，说明$b_1=1$。否则，$b_1>1$，则导致$\overline{b_1b_2b_3}\times 7$是四位数。

（2）根据除式运算的规则，有$a_3=0$。

（3）注意观察F行和G行，有一个黄金倒三角，$f_1=1$，$f_2=0$，$g_1=9$。

（4）$\overline{1b_2b_3}\times a_1=\overline{c_1c_2c_3c_4}$是四位数，说明$a_1$仅限于8或者9。$\overline{1b_2b_3}\times a_2=\overline{9g_2g_3}$是三位数，说明$a_2$也限于8或者9，这样，可以推导出以下结论：$a_1=9$，$a_2=8$。

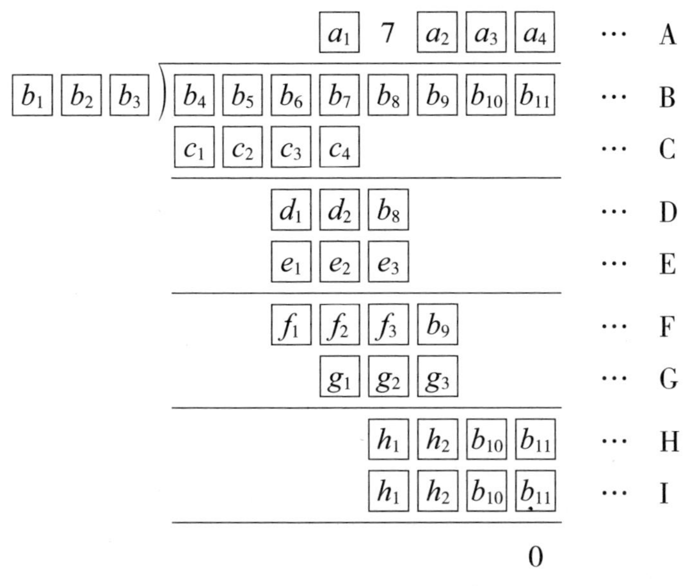


图4–5

（5）因为$\overline{b_1b_2b_3}\times a_4=\overline{h_1h_2b_{10}b_{11}}$是四位数，所以，$a_4=9$。

（6）根据上面的分析，可以推导出$c_1=1$，$h_1=1$。这时，虫蚀算除式的恢复情况如图4–6所示。

分析$b_2$的取值情况。显然，$b_2<3$，否则，$\overline{1b_2b_3}\times 8$将成为四位数，不符合题意。

同时，$b_2\neq 0$，否则即使$b_3$取最大值9，有$109\times 9=981$是三位数，不符合题意。

因此，有$b_2=1$或2。

（7）假设$b_2=1$。

因为$\overline{11b_3}\times 9$是四位数，所以$b_3\neq 0$且$b_3\neq 1$。

再假设$b_3=9$，那么$119\times 97809=11639271$，再反向验算除法竖式$11639271\div 119$的情况，注意F行对应的位置，与题意不符。

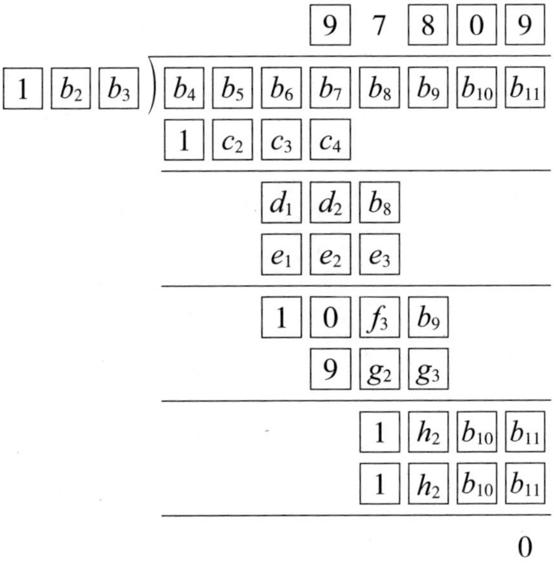

| | | | | | | | | |
|---|---|---|---|---|---|---|---|---|
| | | | | 9 | 7 | 8 | 0 | 9 |
| 1 $b_2$ $b_3$ ) | $b_4$ | $b_5$ | $b_6$ | $b_7$ | $b_8$ | $b_9$ | $b_{10}$ | $b_{11}$ |
| | 1 | $c_2$ | $c_3$ | $c_4$ | | | | |
| | | | $d_1$ | $d_2$ | $b_8$ | | | |
| | | | $e_1$ | $e_2$ | $e_3$ | | | |
| | | | 1 | 0 | $f_3$ | $b_9$ | | |
| | | | | 9 | $g_2$ | $g_3$ | | |
| | | | | | 1 | $h_2$ | $b_{10}$ | $b_{11}$ |
| | | | | | 1 | $h_2$ | $b_{10}$ | $b_{11}$ |
| | | | | | | | | 0 |

图4-6

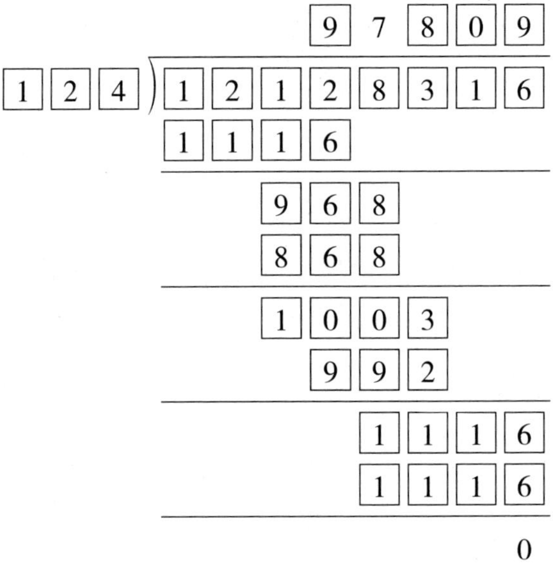

| | | | | | | | | |
|---|---|---|---|---|---|---|---|---|
| | | | | 9 | 7 | 8 | 0 | 9 |
| 1 2 4 ) | 1 | 2 | 1 | 2 | 8 | 3 | 1 | 6 |
| | 1 | 1 | 1 | 6 | | | | |
| | | | 9 | 6 | 8 | | | |
| | | | 8 | 6 | 8 | | | |
| | | | 1 | 0 | 0 | 3 | | |
| | | | | 9 | 9 | 2 | | |
| | | | | | 1 | 1 | 1 | 6 |
| | | | | | 1 | 1 | 1 | 6 |
| | | | | | | | | 0 |

图4-7

同理，$b_3$分别取值2到8，均可推导出与题意不符的情况。

因此，$b_2 \neq 1$。

（8）综合以上的分析，得到$b_2 = 2$。

因为$125 \times 8 = 1000$，所以得出$b_3 < 5$。也就是说，$b_3 = 4$或3或2或1或0。分别代入到除式中进行验证。

结论：$b_3 = 4$，如图4–7所示，本题为唯一解。

## 习题四

**第1题** 下面是一道汉字覆面算，相同汉字表示相同的数字，不同的汉字表示的数字也不同。请找出汉字表示的数字，使加法竖式成立。

```
      爱学习
     学好数学
 +   学爱数习
 ————————————
    好习习学学
```

**第2题** 下面是一道汉字覆面算，找出对应下面乘式中四个汉字的数字，使乘法竖式成立。

```
    秀水清山
 ×        9
 ———————————
    山清水秀
```

**第3题** 下面的乘法竖式是一道字母覆面算，相同的字母代表相同的数字，不同的字母代表的数字也不同。请问：$\overline{ABCD}$所代表的数字是多少？

$$
\begin{array}{r}
A\ B \\
\times\quad C\ B \\
\hline
D\ B \\
E\ B\ \ \\
\hline
B\ F\ B
\end{array}
$$

**第4题** 下面的乘法竖式是一道字母覆面算，相同的字母代表相同的数字，不同的字母代表不同的数字。请问：$F$所代表的数字是多少？你能找出其他字母代表的数字吗？

$$
\begin{array}{r}
A \\
\times\quad B\ C \\
\hline
E\ F \\
G\ H\ \ \\
\hline
F\ F\ F
\end{array}
$$

**第5题** 下面是一道虫蚀算习题，每个方框中仅有一个数字，请找出方框中被“虫蚀”的数字，使乘法竖式成立。

$$
\begin{array}{r}
6\ \square \\
\times\quad \square\ \square \\
\hline
1\ \square\ \square \\
\square\ \square\ \square\ \ \\
\hline
2\ 0\ \square\ \square
\end{array}
$$

**第6题** 下面是一道虫蚀算习题，请恢复方框中的数字，使乘法竖式成立。

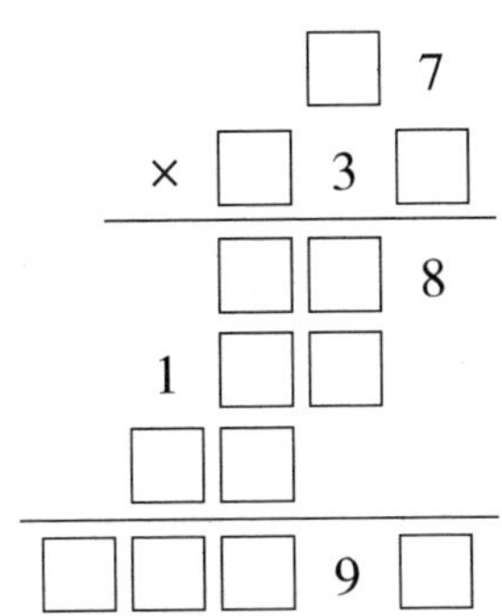

**第7题** 下面是一道虫蚀算习题，请恢复方框中的数字，使除法竖式成立。

```
         □□
    ┌──────
□6 ) 1 1□□
     □□8
    ──────
       □□
       □□
    ──────
        0
```

**第8题**　下面是英国巴维克先生编制的“七个7”的习题，你能恢复方框中的数字，使除法竖式成立吗？

```
                     □□7□□
          ────────────────
□□□□7□ ) □□7□□□□□□□
          □□□□□□□
          ────────────────
          □□□□□7□
          □□□□□□□
          ────────────────
            □7□□□□
            □7□□□□
          ────────────────
            □□□□□□□
            □□□□7□□
          ────────────────
              □□□□□□
              □□□□□□
              ────────────
                       0
```

## 5 魔幻数阵

# 历久弥新的益智游戏

相传，大禹治水时，洛河中浮出神龟，驮着“洛书”献给大禹，大禹依此治水成功。洛书是中国古代流传下来的神秘图案，是中国传统文化的基因，是中华民族文明的源泉。

如图5–1所示，洛书的结构是戴九履一、左三右七、二四为肩、六八为足、以五居中。五方白圈皆阳数，四隅黑点皆阴数。洛书试图用数理概括世界本质，表达了一种数学神秘主义观点，类似于西方的“毕达哥拉斯学派”的主张。

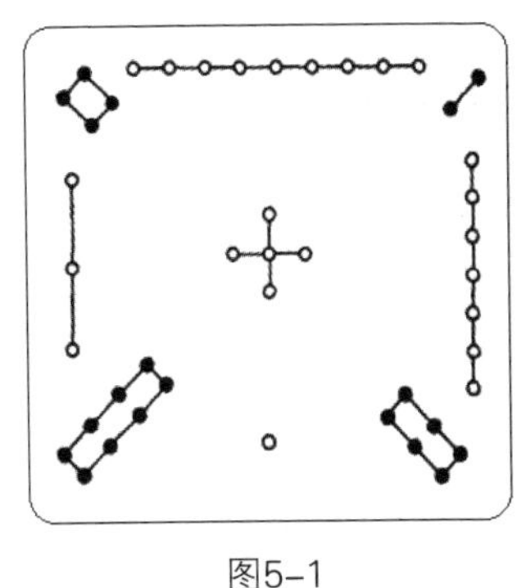

图5–1

| 4 | 9 | 2 |
|---|---|---|
| 3 | 5 | 7 |
| 8 | 1 | 6 |

图5–2

将洛书中的点数翻译成现代数学的语言，可以构成图5–2的数字方阵，它有三行三列，每行、每列、每条对角线上的三数之和都等于15。具有类似性质的正方形数阵统称为幻方，历代数学家对此深入研究，并扩展到四行四列、五行五列甚至更高阶的情况。宋代的数学家杨辉称四阶幻方为“花十六图”或“四四图”，并给出了阳、阴两图（如图5-3所示）。

| 2 | 16 | 13 | 3 |
|---|---|---|---|
| 11 | 5 | 8 | 10 |
| 7 | 9 | 12 | 6 |
| 14 | 4 | 1 | 15 |

阳图

| 4 | 9 | 5 | 16 |
|---|---|---|---|
| 14 | 7 | 11 | 2 |
| 15 | 6 | 10 | 3 |
| 1 | 12 | 8 | 13 |

阴图

图5-3

在印度，很早也出现了幻方，古印度人认为佩戴刻有幻方的金属或玉片能辟邪。图5-4是公元十一世纪昌德拉王朝克久拉霍古城中石刻的幻方。这个幻方的玄奥之处在于，如果将幻方进行上下交换或者左右交换，操作后的结果仍然构成幻方。

欧洲最古老的幻方据说是德国画家丢勒在铜版画《忧伤》上刻出的。如图5-5所示，丢勒作画时的年份1514被巧妙地植入其中。

| 7 | 12 | 1 | 14 |
|---|---|---|---|
| 2 | 13 | 8 | 11 |
| 16 | 3 | 10 | 5 |
| 9 | 6 | 15 | 4 |

图5-4

| 16 | 3 | 2 | 13 |
|---|---|---|---|
| 5 | 10 | 11 | 8 |
| 9 | 6 | 7 | 12 |
| 4 | 15 | 14 | 1 |

图5-5

**例题5.1** 请编制一个三阶幻方，使其每行、每列及对角线上的三数之和为24。

**解答**

首先，探讨一下标准的三阶幻方的构造方法。将数字1～9填入到九宫格中，使其每行、每列及对角线的三数之和相等。

$$1+2+\cdots+9=45$$

因此，每行和每列的三数之和为15。用排列组合的方式列出三数之和为15的组合。

$1+5+9=15$ $1+6+8=15$ $2+4+9=15$ $2+5+8=15$

$2+6+7=15$ $3+4+8=15$ $3+5+7=15$ $4+5+6=15$

注意九宫格中间数字的选择，因为需要满足四个等式之和为15，只有数字5满足。通过排列组合的方式不难构造出如图5–2的三阶幻方。

本题中，因为24－15=9，因此，只要将图5–2中的三阶幻方中的数字分别增加3即可（见图5–6）。

| 7 | 12 | 5 |
|---|---|---|
| 6 | 8 | 10 |
| 11 | 4 | 9 |

图5–6

**例题5.2** 如图5-7所示，你能将这两个三阶幻方填写完整吗？

| | | |
|---|---|---|
| | | 11 |
| | 38 | |
| | 2 | |

（a）

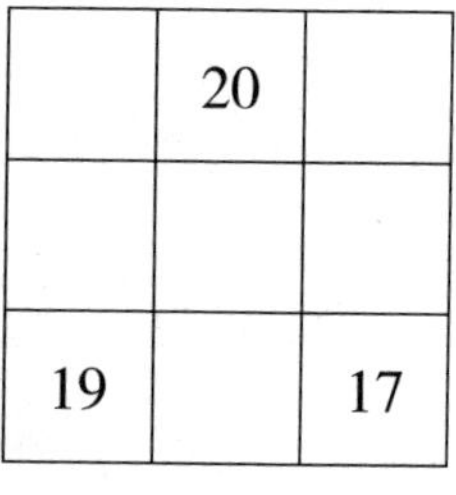

| | | |
|---|---|---|
| | 20 | |
| | | |
| 19 | | 17 |

（b）

图5-7

## 解答

在下面的九宫格中（图5-8），分别填入字母$a$、$b$、$c$、$d$、$e$、$f$、$g$、$h$、$i$，代表九个数，并满足幻方的性质。

| | | |
|---|---|---|
| $a$ | $b$ | $c$ |
| $d$ | $e$ | $f$ |
| $g$ | $h$ | $i$ |

图5-8

因为：$a+b+c=a+e+i$ 所以$b+c=e+i$

同理：$a+b=e+g$ $a+c=e+h$

得到 $2(a+b+c)=3e+(g+h+i)$，即$3e=a+b+c$

结论（1）：对于三阶幻方而言，九宫格中间项的数是各行（列或对角线）之和的三分之一。

特别地，$d+e+f=3e$ 即$2e=d+f$

结论（2）：三阶幻方中间的数是其两侧（行、列、对角线）数之和的二分之一。

对于三阶幻方中的任何一个数，例如第三行第二列的$h$，有

$$b+e+h=g+h+i \quad 即 b+e=g+i$$

结论（3）：对于三阶幻方中的任何一项，同一行和同一列中的其他两个数之和相等。

按这三个结论，很容易推导出答案（见图5–9）。

| 29 | 74 | 11 |
|---|---|---|
| 20 | 38 | 56 |
| 65 | 2 | 47 |

| 15 | 20 | 13 |
|---|---|---|
| 14 | 16 | 18 |
| 19 | 12 | 17 |

图5–9

**例题5.3** 如图5–10所示，这个数阵共有6条4个圆圈的边，请将1～12这12个数分别填入图中的12个小圆圈里，使每条边上的4个圆圈中的数之和相等。

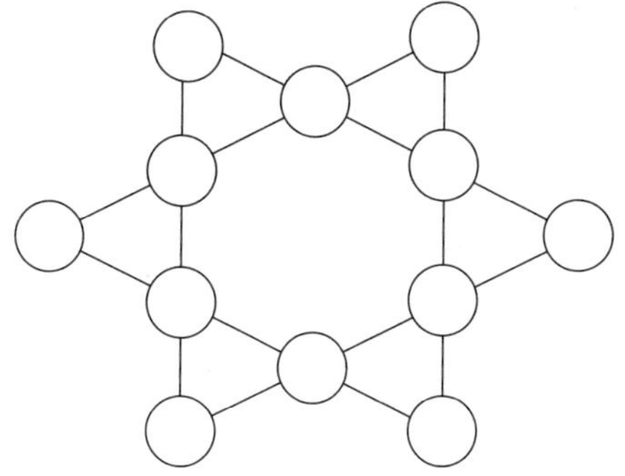

图5–10

## 解答

如果将6条边上的4个圆圈的数都累加一次，会发现每个圆圈中的数均被累加了两次。$1+2+\cdots+12=78$，也就是说，每条边的4个圆圈中的数之和为$78\times2\div6=26$。

取1～12中4个数之和为26的三个组合：

$1+2+11+12=26$　　$2+5+9+10=26$　　$10+7+8+1=26$

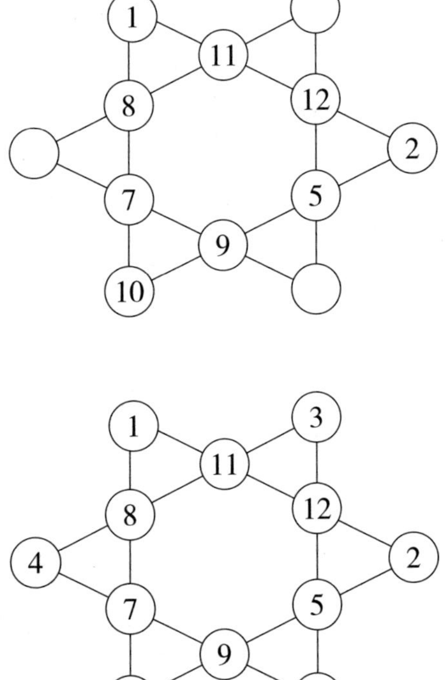


注意到1、2和10分别用两次，可以分别填到外围的圆圈中，然后再尝试找到3、4和6的位置。

**例题5.4** 如图5–11所示，请将1、2、3、4填入到表格中，使每一行、每一列以及粗线框内的四个数都包含1、2、3、4。

|  | 1 | 2 |  |
|---|---|---|---|
|  |  |  |  |
| 3 |  |  | 4 |
|  |  |  |  |

图5–11

## 解答

这个填数游戏也称为数独游戏，是数独游戏最简单的形式。

（1）如图5–12所示，注意第1列（自左向右）的数字3，根据规则，第1行（自上而下）中数字3只能出现在第4列。

| × | 1 | 2 | ③ |
|---|---|---|---|
|  |  |  |  |
| 3 |  |  | 4 |
|  |  |  |  |

图5–12

|  | 1 | 2 | 3 |
|---|---|---|---|
|  |  | ④ | × |
| 3 |  |  | 4 |
|  |  |  |  |

图5–13

（2）粗线框内的2×2表格构成了一个宫。如图5–13所示，对于右上的宫，因为第4列中出现了数字4，因此，该宫的数字4只能出现在第3列。

（3）如图5–14所示，第1行中只有一个空格，这个空格是数字4。

（4）如图5–15所示，对于第三行第二列的空格，同行、同列、同宫的方格中已经出现了数字1、3、4，因此，该空格的数字为2。

| 4 | 1 | 2 | 3 |
|---|---|---|---|
|  |  | 4 |  |
| 3 |  |  | 4 |
|  |  |  |  |

图5–14

| 4 | 1 | 2 | 3 |
|---|---|---|---|
|  |  | 4 |  |
| 3 | 2 |  | 4 |
|  |  |  |  |

图5–15

（5）如图5–16所示，第3行中出现过数字3，第4列中也出现过数字3，因此，可以确定右下宫中数字3的位置为第4行第3列。

（6）应用以上的方法，可以顺利完成游戏（见图5–17）。不再赘述。

| 4 | 1 | 2 | 3 |
|---|---|---|---|
|  |  | 4 |  |
| 3 | 2 | × | 4 |
|  |  | 3 | × |

图5–16

| 4 | 1 | 2 | 3 |
|---|---|---|---|
| 2 | 3 | 4 | 1 |
| 3 | 2 | 1 | 4 |
| 1 | 4 | 3 | 2 |

图5–17

## 习题五

**第1题** 二阶幻方是不存在的，为什么？

**第2题** 在下面的圆圈中填入合适的数，使每条边上的三个数之和相同。

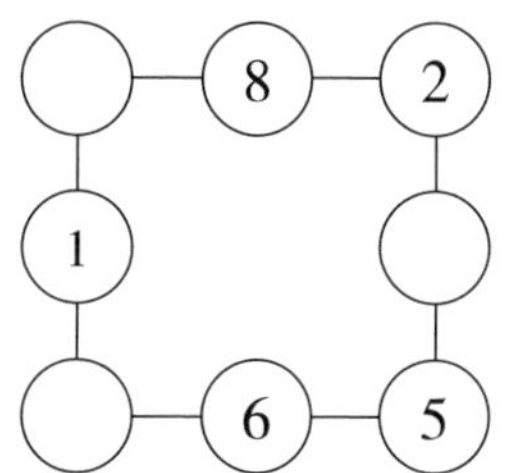


**第3题** 请将数1至8填入下面的8个小圆圈中，使得圆周和直线段上的4个圆圈中的数之和相等。

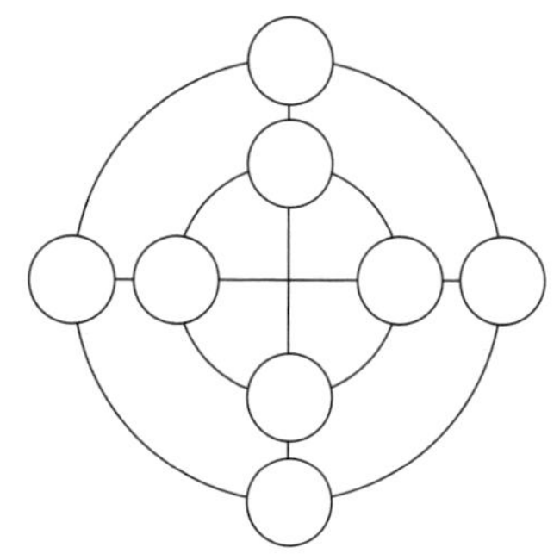

**第4题** 请将数1至10填入下面的10个小圆圈中，使得五边形边上的5个小梯形4个圆圈中的数之和相等。

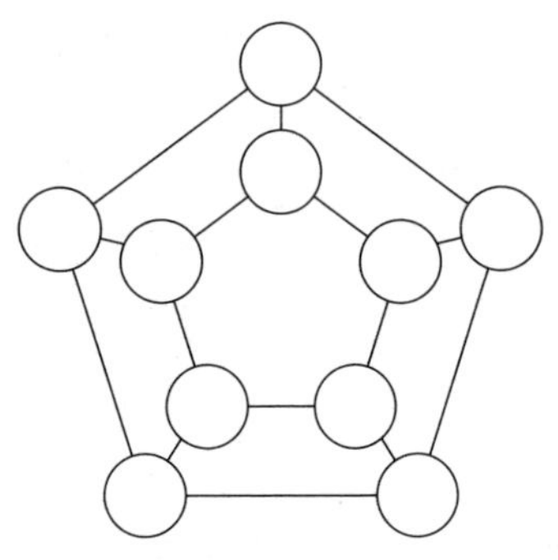

**第5题** 请在表格中填入适当的数，让表格的每一行、每一列以及两条对角线上的数之和相等。

| | | |
|---|---|---|
| 9 | | |
| | | |
| 5 | | 3 |

| | | |
|---|---|---|
| 8 | | 10 |
| | | 9 |
| | 7 | |

| | | |
|---|---|---|
| | 4 | |
| | 11 | 6 |
| | | 10 |

**第6题** 请在图中的小圆圈中填入1或者2，使得每个大圆圈上的四个数之和均不相同。

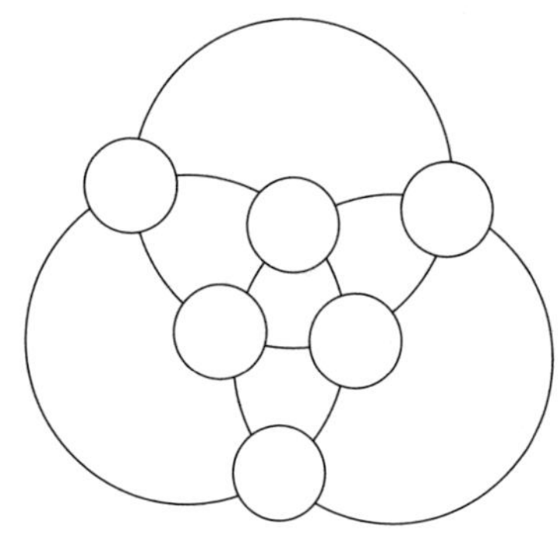

**第7题** 如下图所示，6×6的表格被粗线划分成了大小不一的9个区域。如果某一区域内有$n$个方格，那么，这个区域内需要填入的数也就是1、2、…、$n$，并且任何有公共点的相邻方格内的数不同。请按要求在表格中填入适当的数，完成这张表格。

| | | | | | |
|---|---|---|---|---|---|
| 3 | | | | | |
| 2 | | | | | |
| 4 | | | | | |
| 1 | | | | 4 | 3 |
| | | | | 5 | 1 |
| | | | | 6 | 2 |

**第8题** 如下图所示，请将数1、2、3、4填入到表格中，使每一行、每一列以及粗线框内的四个数中都包含1、2、3、4。

| | | | |
|---|---|---|---|
| | | 3 | |
| | | | |
| 4 | | | |
| 3 | | | 2 |

| | | | |
|---|---|---|---|
| | 1 | | |
| | | | 3 |
| | 2 | | |
| | | | 4 |

## 6 心算入门

# 简算和速算的技巧

许多人有着惊人的心算能力，心算能力与天赋有关系，也与后天的勤奋学习和刻苦训练密不可分。

有一天，大物理学家爱因斯坦（1879—1955）生病了，一位朋友去看他，为了给爱因斯坦解解闷，朋友给他出了一道乘法题："2974×2926等于多少？"

爱因斯坦很快地说出了答案："8701924！"

完全正确！朋友不禁惊叹："算得这么快！你是怎么做到的？"

原来，爱因斯坦用的是一种速算法。细心的爱因斯坦发现这两个乘数的前两位都是29，而后两位有74+26=100。然后，利用了以下的速算技巧心算得出答案。

$$
\begin{aligned}
2974\times2926&=(2900+74)\times(2900+26)\\
&=2900\times2900+2900\times26+2900\times74+74\times26\\
&=2900\times(2900+26+74)+74\times26\\
&=2900\times3000+(50+24)\times(50-24)\\
&=29\times30\times10000+(50\times50-24\times24)\\
&=870\times10000+(2500-25\times24+24)\\
&=8700000+(2500-600+24)\\
&=8700000+1924\\
&=8701924
\end{aligned}
$$

对运算技巧能灵活运用，对运算规律能洞察秋毫，勤学勤练是提高速算能力的不二法门。

**例题6.1** 在四则运算中，有些数之间是好朋友，想办法让它们碰到一起就会擦出火花，实现简化计算。

（1）$27+64+73+36$　（2）$387+69-52-35$

（3）$85+38$　（4）$73-19$

（5）$4\times83\times25$　（6）$125\times56$

（7）$16\times75\times45$　（8）$139\times125$

（9）$43\times7$　（10）$98\times37$

（11）$74\times25$　（12）$23\times52$

**解答**

在加减法运算中，能凑成容易计算的整数（例如10、100、1000等）的一对数互为补数。在运算中，首先观察是否可以通过交换，将互为补数的一对数结合在一起；还可以通过先加一个数，然后再减一个相同的数，实现快速计算。

（1）$27+64+73+36=(27+73)+(64+36)=100+100=200$

（2）$387+69-52-35=[387-(52+35)]+69=(387-87)+69=369$

（3）$85+38=(85+15)+(38-15)=100+23=123$

（4）$73-19=50+23-23+4=54$

在乘除法运算中，可以通过凑整的技巧，或者通过因数分解，或者先乘（除）一个数再除（乘）一个数，实现快速计算。

（5）$4\times83\times25=(4\times25)\times83=100\times83=8300$

（6）$125\times56=(125\times8)\times7=1000\times7=7000$

（7）$16\times75\times45=8\times2\times75\times45=(8\times75)\times(2\times45)$

$=600\times90=54000$

（8）$139\times125=139\times(125\times8)\div8=139\times1000\div8$

$=139000\div8=17375$

在乘除法运算中，还可以通过应用加法或减法进行拆分或凑整，实现快速计算。灵活应用凑整法，再结合分配律和结合律是快速计算时的常用技巧。

（9）$43\times7=(40+3)\times7=280+21=301$

（10）$98\times37=(100-2)\times37=100\times37-2\times37=3700-74=3626$

（11）$74\times25=(70+4)\times25=1750+100=1850$

（12）$23\times52=23\times(50+2)=1150+46=1196$

**例题6.2** 请计算以下的乘法算式

（1）$43\times11$　　（2）$59\times11$

（3）$9729\times11$　　（4）$15\times15$

（5）$35\times35$　　（6）$85\times85$

（7）$26\times24$　　（8）$43\times47$

（9）$92\times98$

### 解答

题（1）至题（3）可以根据11的乘法特点，应用错位相加法从右侧实现快速计算。

（1）个位上，直接写上3；十位上，计算4+3=7，没有进位，写上7；百位上，直接写上4。

最后，$43\times11=473$。

（2）个位上，直接写上9；十位上，计算5+9=14，取4；百位上，十位有进位，5+1=6。

最后，$59\times11=649$。

（3）个位上，直接写上9；十位上，计算9+2=11，取1；百位上，十位有进位，7+2+1=10，取0；千位上，百位上有进位，计算9+7+1=17，取7；万位上，千位有进位，9+1=10，取0；十万位上，直接取1。

最后，$9729\times11=107019$。

对于个位是5的两位数，假设其十位数是$a$，有

$$\begin{aligned}\overline{a5}\times\overline{a5}&=(a\times10+5)\times(a\times10+5)\\&=a\times a\times100+(a\times10\times5+5\times a\times10)+5\times5\\&=a\times a\times100+a\times100+25\\&=a\times(a+1)\times100+25\end{aligned}$$

（4）$15\times15=225$

$1+1=2$，$1\times2=2$作为百位，后两位是25。

（5）$35\times35=1225$

$3+1=4$，$3\times4=12$作为左边的两位。

（6）同上面的方法：$85\times85=7225$

这个方法可以推广到十位的两个数相同、个位的两个数之和为10的情况。

（7）$2+1=3$　$2\times3=6$　$6\times4=24$　则$26\times24=624$

同理，可以得到如下结果：

（8）$43\times47=2021$

（9）$92\times98=9016$

**例题6.3**　请计算以下各算式：

（1）$13^2$

（2）$96^2$

（3）$307^2$

（4）$68^2-32^2$

（5）$203\times197$

（6）$13+36\times24-77$

**解答**

在实现多位数之间的乘法的快速计算时，基本的做法就是将其转化为多位数和一位数之间的乘法；将数与数之间的乘法转化为数与数之间的加法。

代数公式：$(A+a)\times(A-a)=A^2-a^2$

及其等价形式：$A^2=(A+a)\times(A-a)+a^2$

（1）$13^2=(13+3)\times(13-3)+3^2=160+9=169$

（2）$96^2=(96+4)\times(96-4)+4^2=100\times92+16=9216$

（3）$307^2=(307+7)\times(307-7)+7^2=314\times300+49=94249$

（4）$68^2-32^2=(68+32)\times(68-32)=100\times36=3600$

（5）$203\times197=(200+3)\times(200-3)=200^2-3^2=40000-9=39991$

（6）$13+36\times24-77=(13+23)+36\times24-(77+23)=36+36\times24-100$

$=36\times(24+1)-100=36\times25-100$

$=9\times4\times25-100=800$

**例题6.4** 请计算以下各算式：

（1）$987654\times333333$　　（2）$11+192+1993+\cdots+1999999999$

（3）$123456789\times81$

（4）$(20^2+18^2+16^2+\cdots+4^2+2^2)-(19^2+17^2+15^2+\cdots+3^2+1)$

## 解答

（1）
$$\begin{aligned}987654\times333333&=(987654\div3)\times(333333\times3)\\&=329218\times999999\\&=329218\times(1000000-1)\\&=329218000000-329218\\&=329217670782\end{aligned}$$

（2）$11+192+1993+\cdots+1999999999$

$=(20-9)+(200-8)+(2000-7)+\cdots+(2000000000-1)$

$=(20+200+200+\cdots+2000000000)-(9+8+7+\cdots+1)$

$=2222222220-45$

$=2222222175$

（3）$123456789\times81$

$=[(1+11+111+1111+\cdots+111111111)\times9]\times9$

$=(9+99+999+9999+\cdots+999999999)\times9$

$=[(10-1)+(100-1)+(1000-1)+\cdots+(1000000000-1)]\times9$

$=(1111111110-9)\times9$

$=9999999990-81$

$=9999999909$

（4）$(20^2+18^2+16^2+\cdots+4^2+2^2)-(19^2+17^2+15^2+\cdots+3^2+1)$

$=(20^2-19^2)+(18^2-17^2)+(16^2-15^2)+\cdots+(4^2-3^2)+(2^2-1)$

$=(20+19)\times(20-19)+(18+17)\times(18-17)+(16+15)\times(16-15)+\cdots$
$+(4+3)\times(4-3)+(2+1)\times(2-1)$
$=39+35+31+\cdots+7+3$ （提示：公差为4的等差数列求和）
$=(39+3)\times[(39-3)\div4+1]\div2$
$=42\times(36\div4+1)\div2$
$=42\times(9+1)\div2$
$=210$

## 习题六

**第1题** 请计算以下各算式：

（1）$87+98$ （2）$445-73-127$ （3）$167+52-67+8$

**第2题** 请计算以下各算式：

（1）$65\times98$ （2）$34\times99+35$ （3）$25\times73\times40$

**第3题** 请计算以下各算式：

（1）$67\times11$ （2）$78\times11$ （3）$5678\times11$

**第4题** 请计算以下各算式：

（1）$75\times75$ （2）$25\times25$ （3）$65\times65$

**第5题** 请计算以下各算式：

（1）$41\times49$ （2）$53\times57$ （3）$77\times73$

**第6题** 请计算以下各算式：

（1）$34^2$ （2）$78^2$ （3）$609^2$

**第7题** 请计算以下各算式：

（1）$57^2-43^2$ （2）$401\times399$ （3）$13\times36+35\times87$

**第8题** 请计算以下各算式：

（1）$9999\times2222+3333\times3334$

（2）$98+998+9998+\cdots+99999999998$

（3）$19^2-17^2+15^2-13^2+\cdots+3^2-1$

# 7 韩信点兵

# 余数的性质及其应用

韩信（公元前231—公元前196），西汉的开国功臣，中国历史上杰出的军事家，被后人奉为“兵仙”“神帅”。“韩信点兵，多多益善”的典故，来自西汉历史学家司马迁所著《史记·淮阴侯列传》中的记载：

汉高祖刘邦经常和大将军韩信对汉军诸将的带兵能力品头论足。有一天，刘邦突然问韩信：“如果我来带兵，能够带多少兵？”韩信说：“陛下不过能带十万兵而已。”刘邦又问：“那你又能带多少兵？”韩信回答道：“如果臣来带兵，多多益善。”刘邦笑了：“既然你带兵的数量比我多，为何你会为我所用？”韩信回答道：“陛下不善带兵，而善统领将军，这就是我为陛下所用的原因。”

在这个故事里，韩信自信、自负而又机智善辩的形象可见一斑。

**例题7.1** 传说，有一次，韩信带1500名士兵与楚将李锋的军队恶战，结果楚军不敌，败退。韩信欲整顿人马，以备再战。他命令士兵按三人一排编队，结果余出两人；接着，他命令士兵五人一排，结果余出三人；最后，他命令士兵七人一排，结果余出两人。目测估算士兵略微超过1000人，韩信马上知道了答案。请问：战后韩信还剩下多少名士兵？

## 解答

（方法一）

（1）求满足题中条件的最小数。

首先将除以3余2的数列出来：

2,5,8,11,14,17,20,23,26,29,⋯

再将除以5余3的数列出来：

3,8,13,18,23,28,33,⋯

再将除以7余2的数列出来：

2,9,16,23,30,37,⋯

不难发现，上述三组数中最小的相同数是23。

（2）求3、5、7的最小公倍数。

整数的倍数由这个数乘以自然数组成，两个或多个整数的公倍数就是这两个或多个整数倍数的公共部分。

3、5、7这三个数互为质数，它们的最小公倍数是$3\times5\times7=105$。

（3）显然，韩信的士兵数量是数列

$$\{23+105\times n|n=0,1,2,\cdots\}=\{23,128,233,\cdots\}$$

中的某一项。

再考虑到题中目测估算士兵的人数略超1000人，有$(1000-23)\div105\approx9.3$，取$n$为10，得到$23+105\times10=1073$人。

（方法二）

《孙子算经》有类似的问题：“今有物，不知其数。三三数之，剩二；

五五数之，剩三；七七数之，剩二。问物几何?"《孙子算经》大约成书于晋朝，三世纪晚期至四世纪早期，首次提出了"物不知数"同余问题。

到了南宋时期，秦九韶（1208—1261）在著作《数书九章》中给出同余方程组的"大衍求一术"。"大衍求一术"与德国大数学家高斯1801年提出的线性同余方程组的一般解法等价。

求解线性同余方程组的定理，在国际上也被称为孙子剩余定理或中国剩余定理。

明代数学家程大位（1533—1606）在他所著的《算法统宗》中用了四句通俗的口诀提示了"韩信点兵"问题的解法。口诀如下：

三人同行七十稀，

五树梅花廿一枝，

七子团圆正半月，

除百零五便得知。

其含义为：用除以3的余数2乘以70，然后用除以5的余数3乘以21，再用除以7的余数2乘以15，分别将上述三个所得之数相加，再用105的整数倍上下调整就可以得到答案。

$$2\times70+3\times21+2\times15=233$$

用程大位的方法可以快捷地获得满足题意的一个数。考虑到题目中的估算值，韩信的士兵数量是数列

$$\{233+105\times n|n=0,1,2,\cdots\}=\{233,338,443,\cdots\}$$

中的某一项。

最后，同样可以计算出韩信的士兵数量为1073人。

**例题7.2** 育新学校四年级3班和4班的老师组织同学们春游，两个班的同学一起列队。如果5人一排，将剩下1名同学；如果7人一排，将剩下2名同学；如果9人一排，剩下5名同学。请问：参加春游的同学一共有多少人?

**解答**

求解线性同余方程问题的中心思想就是先找到一个满足题意的数，然后再用求得的最小公倍数进行调整。

（1）$7\times9\times a=63\times a$，要求用$63\times a$除以5余1。

用63除以5余3，$3\times2=6$，6除以5余1，得最小整数值$a=2$。

（2）$5\times9\times b=45\times b$，要求$45\times b$除以7余2。

用45除以7余3，$3\times3=9$，9除以7余2，得最小整数值$b=3$。

（3）$5\times7\times c=35\times c$，要求$35\times c$除以9余5。

用35除以9余8，$8\times4=32$，32除以9余5，得最小整数值$c=4$。

显然，（1）中的数$63\times2$能同时被7和9整除；（2）中的数$45\times3$能同时被5和9整除；（3）中的数$35\times4$能同时被5和7整除。

它们的和$63\times2+45\times3+35\times4=401$满足题意。

求5、7、9的最小公倍数：$5\times7\times9=315$

应用最小公倍数315进行调整，所有的$401\pm315\times n$ $(n=0,1,2,\cdots)$都符合题目中的条件。

一般情况下，我国小学一个班的学生人数为30～50人，因此，可以判定这两个班级的学生人数为$401-315=86$（名）。也就是说，参加春游的同学一共有86名。

**例题7.3** 从1、2、3、4、…、2016、2017这2017个数中，选出一些数，使得其中的任意两个数之和均能被2、3和5整除。那么，符合这些条件的数最多有多少个？

**解答**

首先，一个数能够被2、3和5整除，意味着也能被2、3和5的最小公倍数30整除。

可以找出两组数，第一组中每个数除以30的余数均为15；第二组中每个数除以30的余数均为0。在这两组数中，任意选出两个数，这两个数之和都能被30整除。

计算第一组数的个数。这些数组成首项为15，公差为30的数列：

$15,45,75,\cdots,15+30(n-1)$，… 其中$n=1,2,3,\cdots$

这样，问题转化为求满足$15+30(n-1)\leqslant 2017$时最大的$n$值。

$(2017-15)\div 30+1\approx 67.7$，即最大的$n$值为67。

也就是说，符合余数为15的第一组数一共有67个。

第二组数组成首项为30，公差为30的数列，符合条件的数一共有66个，比第一组数的数量少。

综合以上分析，从1、2、3、4、…、2016、2017这2017个数中，选出一些数，使得其中的任意两个数之和均能被2、3和5整除。符合这些条件的数最多有67个。

**例题7.4** {1,1,2,3,5,8,13,21,⋯}是斐波那契数列。请问：斐波那契数列的2017项除以3的余数是多少？

**解答**

斐波那契数列的基本规律是以第三个数起的每一个数都是它前两项数之和。根据余数的规律，分别将斐波那契数列的每一项除以3，并记下所得余数组成的数列：

1,1,2,0,2,2,1,0,1,1,2,0,2,2,1,0,1,1,2,0,2,2,1,0,⋯

仔细观察这个数列就会发现，每八个数它就形成一次循环。

$$2017 \div 8 = 252 \cdots\cdots 1$$

斐波那契数列的第2017项除以3的余数为1。

## 习题七

**第1题** 张家有三个女儿，很孝顺，经常回家探亲。大女儿住在东村，3天回家探亲一次；二女儿住西村，5天回家一次；小女儿住南乡路远，7天回家一次。有一次，她们同一天离开娘家。问：多少天后她们又会在娘家相聚？（改编自明代程大位《算法统宗》）

**第2题**

（1）有一正数，除以2余1，除以5余2，除以7余3，请问这个数最小是多少？

（2）有一正数，除以7余1，除以8余2，除以9余3，请问这个数最小是多少？

**第3题** 有一盒围棋子，三颗三颗地数多2颗，五颗五颗地数多4颗，七颗七颗地数多6颗。这盒围棋子的数目大约在200～300颗。请问：盒子中一共有多少颗棋子？

**第4题** 有一种地砖的规格为长21厘米、宽14厘米、高9厘米，要求使用这种空心砖垒成一个立方体（空心砖整块使用，砖与砖之间忽略缝隙），请问：至少需要多少块空心砖？

**第5题** 有一个人每工作八天后会连续休息两天，有一次他恰好在星期六和星期日休息。问：他至少要多少天后才可以在星期六休息？

**第6题** 要求一个人秘密地选定一个小于60的自然数，并让他宣布分别用3、4、5除此数所得的余数$a$、$b$、$c$。则原来选定的数会是$40a+45b+36c$除以60所得的余数。试说明其中的道理。（改编自法国贝切特的《关于数的趣味问题》）

**第7题** 已知2017除以一些自然数，所得的余数均是19，请问：符合上述条件的自然数有多少个？

**第8题**

（1）将123456789101112131415…依次写到第2017个数字，组成一个2017位数，请问：这个数除以9的余数是多少？

（2）$2017^2+2^{2017}$除以7的余数是多少？

## 8 丢番图方程

# 求不定方程的整数解

公元一世纪至六世纪，是希腊数学史上最重要的发展时期，打破了前期以几何学为中心的传统，代数学逐步成为独立的学科突飞猛进。在这方面，最具代表性的数学家无疑是来自希腊的丢番图（246—330）。

丢番图对数学的贡献，主要在代数学方面，他创立的一套数学缩写记号，被视为代数符号的发端。他的《算术》是历史上最早的代数学专著，以求整数解的不定方程问题而著称。在代数和数论中，对于有一个或者几个变量的整系数方程，如果求解在整数范围内进行，这样的整系数不定方程也称为丢番图方程。

丢番图对近代数学的发展贡献非常大。但是，人们对于丢番图的生平知道得非常少。他唯一的简历是收录在《希腊诗文集》中由麦特罗尔写的“丢番图墓志铭”，它是用诗歌形式写成的。

过路的人！这儿埋葬着的人是丢番图。

通过阅读以下的文字，可知他一生经过了多少寒暑。

他一生的六分之一是幸福的童年，十二分之一是无忧无虑的青少年。

再过去七分之一的人生，他建立了幸福的家庭。

五年后，儿子出生，不料竟然先其父而终，享年仅及其父之半。

晚年丧子的老人真可怜，只能用研究数论来忘记悲伤。

又过了四年，他终于告别了数学，离开了人世。

**例题8.1** 请你根据麦特罗尔所写的“丢番图墓志铭”诗歌来算一算，丢番图到底活到多少岁？丢番图结婚时的年龄是多少？

### 解答

算术的发展积累了大量的关于数及其性质、数的四则运算等方面的知识。为了寻求更系统、更普遍的方法，就产生了以解方程为中心的代数学。

解方程首先要列方程。列方程就是将文字或图表语言翻译成代数语言的过程，列方程的核心就是用符号代替未知数以及揭示已知数和未知数之间的关系。

（1）假设丢番图的寿命为$L$岁。根据诗歌中的描述，丢番图的一生大概是这样度过的：童年时期占六分之一；青少年时期占十二分之一；再过了七分之一后，他结婚了；结婚五年后，生了儿子；儿子的寿命是他的寿命的二分之一；儿子死后四年，他离开了人世。

童年$\frac{1}{6}$　青少年$\frac{1}{12}$　婚前$\frac{1}{7}$　五年　陪伴儿子的时光$\frac{1}{2}$　四年

A　B　C　D　E　F　G

将文字或图表翻译为代数的语言，就可以列出下面的方程：

$$L=\frac{L}{6}+\frac{L}{12}+\frac{L}{7}+5+\frac{L}{2}+4$$

整理得

$$L=\frac{75L}{84}+9$$

$$L=84$$

丢番图一共活了84岁。

（2）
$$\frac{84}{6}+\frac{84}{12}+\frac{84}{7}=14+7+12=33$$

丢番图结婚时的年龄是33岁。

**例题8.2** 市场上有一卖鸡摊，价格情况如下：公鸡标价5文钱1只，母鸡标价3文钱1只，鸡雏标价1文钱3只。如果拿100文钱去买100只鸡，要求：公鸡、母鸡、鸡雏都要买，钱要全部用完，并且尽量多买母鸡。请问：公鸡、母鸡和鸡雏各买多少只？（改编自北魏时期的《张邱建算经》）

**解答**

这就是中国古代算术中著名的“百鸡问题”，十三世纪意大利数学家斐波那契《计算之书》中也出现了类似的问题。

假设：购买$x$只公鸡，购买$y$只母鸡，购买$z$只鸡雏。

按题意，公鸡、母鸡和鸡雏共100只：

$$x+y+z=100 \tag{1}$$

公鸡标价5文钱1只，母鸡标价3文钱1只，鸡雏标价1文钱3只，三种鸡的总价值为100文钱：

$$5x+3y+\frac{1}{3}z=100 \tag{2}$$

根据方程（1），得

$$z=100-x-y \tag{3}$$

将式（3）代入式（2），得

$$5x+3y+\frac{1}{3}(100-x-y)=100 \tag{4}$$

对方程（4）进行简化，得

$$7x+4y=100 \tag{5}$$

对方程（5）的两边同时除以4，得到如下等式：

$$\frac{7}{4}x+y=25$$

$$2x-\frac{1}{4}x+y=25$$

$$\frac{1}{4}x=2x+y-25$$

假设不定方程（5）有整数解，则$2x$、$y$均为整数，这样，$2x+y-25$也是整数，即$\frac{1}{4}x$也是整数。特别地记$t=\frac{1}{4}x$，有

$$\begin{cases} x=4t \\ y=25-7t \end{cases} \tag{6}$$

按题意，要尽量多买母鸡，则取$t=1$，代入方程组（6），得

$$x=4，y=18，而z=100-(4+18)=78$$

也就是说，购买公鸡4只，母鸡18只，鸡雏78只。

**例题8.3**　聪聪在商店里看中了一个漂亮的铅笔盒，价格为90元。问

题是他手上的钱只有15张20元面值的钞票，并且商店柜台也只有5张50元面值的钞票。请问：双方应该如何完成付钱呢？

**解答**

假设聪聪支付给商店$x$张20元的钞票，商店返还给聪聪$y$张50元的钞票。

按题意，有不定方程 $20x-50y=90$。

首先将方程进行等价变换，即有

$$2x-5y=9$$

整理得

$$\frac{y+1}{2}=x-2y-4$$

假设不定方程有整数解，即$x$、$y$是整数，那么$\frac{y+1}{2}$也是整数。

记$t=\frac{y+1}{2}$，那么有

$$\begin{cases} x=5t+2 \\ y=2t-1 \end{cases}$$

当$t=1$时，$x=7$，$y=1$。

也就是说，聪聪只要支付7张20元的钞票，商店再返给他1张50元即可以完成支付。

**例题8.4** 丁丁是刚刚出生的漂亮宝宝，如果先将他出生的日子乘以20，再将他出生的月份乘以17，最后把这两个数相加，得到的答案是137。你能根据上述条件计算出丁丁准确的出生日期吗？

## 解答

假设丁丁的出生日期是$x$月$y$日。按题意，列方程如下：

$$17x+20y=137$$

将方程的两边分别除以20，得

$$\frac{17}{20}x+y=6+\frac{17}{20}$$

整理后，得

$$17(x-1)=20(6-y)$$

记$t=17(x-1)$，因为$x$为整数，所以$t$也是整数。整理后，有

$$\begin{cases} x=1+\dfrac{t}{17} \\ y=6-\dfrac{t}{20} \end{cases}$$

$x$表示月，只能取1至12之间的整数。$y$表示日期，只能取1至31之间的整数。因此，$t$只能取20和17的公倍数，只有$t=0$满足条件。

将$t=0$代入方程组，有$x=1$，$y=6$。

也就是说，丁丁的生日是1月6日。

## 习题八

**第1题** 有一妇人在河边洗碗。河上摆渡的船工见了问："要洗这么多碗呀！你家里来了多少客人？"她答道："每两位客人合用一只饭碗，每三位客人合用一只汤碗，每四位客人合用一只肉碗，一共用65只碗。你说

来了多少客人？”请问，你能计算出她家里究竟来了多少位客人吗？（改编自《孙子算经》）

**第2题** 已知8×□−2017×△=9999，其中□、△都是自然数，那么，□和△的乘积最小是多少？

**第3题** 妈妈在市场上买了两盒签字笔，一盒是黑色的签字笔，每支3元；另一盒是红色的签字笔，每支5元。妈妈一共花了90元，并且这两盒签字笔的数量差不多，请问：妈妈分别买了多少支笔？

**第4题** 在2017年7月，小明将完成本科学业，他大学毕业时的年龄恰好是出生时年份的各数之和。请问小明是哪一年出生的？

**第5题** 用50元钱购买了三种不同的水果。已知这三种水果的价格如下：西瓜24元一个，菠萝15元一个，李子1元一个。那么，要求将钱全部用完，请问每种水果分别需要买多少个？

**第6题** 明明是集邮爱好者。有一天，他在邮票市场上花100元钱买了40张邮票，而邮票的价格不一，分别是1元、4元、12元。那么，你知道他分别买了多少邮票？

**第7题** 育新学校举办了一次数学竞赛，准备了22支铅笔作为奖品发给获奖的学生。原计划一等奖每人发6支，二等奖每人发3支，三等奖每人发2支。经协商，最后修改为一等奖每人发9支，二等奖每人发4支，三等奖每人发1支。各奖项获奖学生人数不变。请问：一、二、三等奖的学生各有多少名？

**第8题** 传说嘉庆皇帝编过一道趣题：有人花100两银子买了100头牛，大牛每头值10两，小牛每头值5两，牛犊每头值半两。试问此人买了大牛、小牛、牛犊各多少头？

# 9 贝切特砝码

# 整数的拆分问题

在中国，“周公问数”“韩信点兵”“百鸡术”等趣味数学问题被收录在《周髀算经》《孙子算经》《张邱建算经》等著作中。在西方，《希腊诗文集》是较早出现的数学问题集，著名的“丢番图墓志铭”就收录其中。在此之后，更多问题集相继问世，法国数学家贝切特的《关于数的趣味问题》就是一部令人喜爱的代表性作品。

《关于数的趣味问题》一书的内容包括过河问题、倾倒液体问题、猜数问题等，还包括著名的“砝码称重问题”。

一位商人需要在天平上称出1～40克当中任何整数克的重量。请问：他至少需要多少个砝码来称重？这些砝码的重量分别是多少克？

如图9-1所示，天平有两个秤盘，特别设定：右边是砝码盘，左边是称量盘。

图9-1

砝码的数量要求最少，说明称重方案中砝码的利用效率最高，也就是说，这组砝码的重量各不相同，还要允许称量盘中在放置重物时还可以同时放置砝码。

先从编码的有效数量与1～40的整数之间的映射关系考虑问题。

假设一个重物的重量为$p$克（$p$为1～40当中的整数），砝码的重量分别为整数$f_1$、$f_2$、…、$f_k$克，且有$f_1<f_2<\cdots<f_k$。

有下面的等式成立：

$$p=\delta_k f_k+\delta_{k-1}f_{k-1}+\cdots+\delta_2 f_2+\delta_1 f_1 \quad （其中\delta_i=1,0或-1,\quad i=1,2,\cdots,k）$$

当$\delta_i=1$，表示称重时将这个砝码放置在砝码盘中。

当$\delta_i=0$，表示称重时没有使用这个砝码。

当$\delta_i=-1$，表示称重时将这个砝码与重物放置在称量盘中。

当$f_1$、$f_2$、…、$f_k$的重量固定下来，说明自然数$p$可以表示成$\delta_k\delta_{k-1}\cdots\delta_2\delta_1$的编码，因为$\delta_i$有3种取值的可能性，根据排列组合的规律，$\delta_k\delta_{k-1}\cdots\delta_2\delta_1$就有$3^k$种编码形式。

考虑到天平称重的实际情况，当$\delta_1$至$\delta_k$全部取零的情况，说明砝码盘和称重盘上都没有砝码，编码00…00无实际意义，可以被排除。这样，还剩下$3^k-1$种编码。

当$p=\delta_k f_k+\delta_{k-1}f_{k-1}+\cdots+\delta_2 f_2+\delta_1 f_1$成立时，如果对等式的两边分别乘以$-1$，得到

$$-p=(-\delta_k)f_k+(-\delta_{k-1})f_{k-1}+\cdots+(-\delta_2)f_2+(-\delta_1)f_1$$

因为$p>0$，所以$-p<0$，在现实中，不可能出现重量为负的物体。这样，$\delta_k\delta_{k-1}\cdots\delta_2\delta_1$剩下的$3^k-1$种编码中恰好有一半的编码没有实际意义。

综合以上的分析，$\delta_k\delta_{k-1}\cdots\delta_2\delta_1$的有效编码有$\frac{3^k-1}{2}$种。

（1）当$k=1$，则$\frac{3-1}{2}=1$

砝码的数量只有一个，编码的种类也只有1种。即$f_1=1$克。

（2）当$k=2$，则$\frac{3^2-1}{2}=4$

砝码的数量有2个，编码的种类有4种。也就是说，用两个砝码可以称出1至4克的物品。这个方案中物品的最大称量为$f_1+f_2=4$，得出$f_2=3$克。

（3）当$k=3$，则$\frac{3^3-1}{2}=13$

砝码的数量有3个，编码的种类有13种。也就是说，用3个砝码可以称出1至13克的物品。

显然，这个方案中物品的最大称量为$f_1+f_2+f_3=13$，得出$f_3=9$克。

（4）当$k=4$，则$\frac{3^4-1}{2}=40$

砝码的数量有4个，编码的种类有40种。也就是说，用4个砝码可以称出1至40克的物品，恰好满足贝切特称重问题的描述。

如上所述，物品的最大称量$f_1+f_2+f_3+f_4=40$，得出$f_4=27$克。

所以，砝码的重量应分别设计为1、3、9、27克。

然后再从一组砝码能准确称出的最大重量的角度思考问题，一组砝码能准确称出的最大重量就是全部砝码的重量之和。

假设有一组砝码的重量为$f_1$、$f_2$、…、$f_{n-1}$克，均为整数，已知这组砝码能称出$1\sim s_{n-1}$克当中所有的整数重量，记$s_{n-1}=f_1+f_2+\cdots+f_{n-1}$，要求设计

出一只新的砝码$f_n$，$f_n$要足够大，并且同样可以称出$1\sim f_n+s_{n-1}$克当中所有的整数重量。

为了实现砝码$f_n$足够大，又能够称出$s_{n-1}+1\sim f_n+s_{n-1}$克当中所有的整数重量，可以将新砝码$f_n$放置在砝码盘，再将原有的全部砝码与重物放置在称量盘，最后，要求能称出$s_{n-1}+1$克的重物。

列方程，有 $$s_{n-1}+1=f_n-s_{n-1}$$

化简后得 $$f_n=2s_{n-1}+1$$

当$n=1$时，只有一个砝码，记$s_0=0$，这样，有$f_1=1$。

当$n=2$时，$s_1=f_1$，有$f_2=2s_1+1=3$。

当$n=3$时，$s_2=f_1+f_2=4$，有$f_3=2s_2+1=9$。

当$n=4$时，$s_3=f_1+f_2+f_3=13$，有$f_4=2s_3+1=27$。

这样，$s_4=f_1+f_2+f_3+f_4=40$，当砝码的重量分别为1、3、9、27克时，可以将1克到40克的整数重量在天平上准确地称出来。

贝切特的砝码涉及整数拆分的最优化问题。所谓整数拆分就是指将一个正整数表示为若干个正整数之和，这是一个古老而有趣的问题。最著名的整数拆分问题当属哥德巴赫猜想，说的是任何不小于4的偶数都可以拆分成两个质数之和。

在国内外数学竞赛中，整数拆分常常以各种形式出现，如存在性问题、计数问题、最优化问题等等。

**例题9.1** 把16拆分成若干个自然数，再求出这些自然数的乘积，如果要使得到的乘积最大，应该如何拆分？这个最大的乘积是多少？

## 解答

需要先考虑拆分成哪些数时乘积才能尽可能地大。

（1）拆分后的数中不能有1，因为对于任何的自然数$m$，和1的乘积仍然是$m$，比$m+1$小。

（2）拆分后的数中不能出现比4大的数。

如果出现比4大的数，可以将这个数继续拆分成2和另一个数，这两个数的积比原数大。例如5，继续拆分成2和3，$2\times3=6>5$。

（3）因为$4=2\times2$，所以，遇到4就将它拆分成两个2。

（4）拆分后的数中不能出现三个2。

因为$3\times3>2\times2\times2$，如果有三个2，可以将这三个2置换成两个3。

综合以上分析，自然数拆分后只能有三种结果：全部为3，一个2和若干个3，或者是两个2和若干个3。

因此，对于这一类的自然数拆分问题，可以先用这个自然数除以3，看是否能被整除；如果不能，则将这个自然数减去2，看一下是否能被3整除；如果还是不能，则再减去2，就得到拆分的结果了。

对于自然数16而言，16不能被3整除；$16-2=14$，还不能被3整除；$14-2=12$，就能够被3整除了。

结论：$16=2\times2+4\times3$，最大的乘积为$3^4\times2^2=324$。

这类整数拆分问题最早出现在1976年第18届国际数学奥林匹克大赛的试卷中，原题为“已知若干个正整数的和为1976，求其乘积的最大值。”

**例题9.2** 妈妈给聪聪买了一盒饼干，盒子里一共装有50块饼干。聪聪计划每天吃掉饼干的数量都比前一天的数量多，并且还希望尽量长的时间来品味这些饼干中妈妈的味道。那么，他应该如何吃才能实现愿望？方案有多少种呢？

**解答**

由于要求吃饼干的天数尽可能地多，在每天吃掉的饼干数量逐日递增的条件下，每天吃饼干的数量还要尽量少一些。

假设连续九天，每天吃掉的饼干数量为1、2、…、9，因为

$$1+2+3+4+5+6+7+8+9=45\text{（块）}$$

盒子里仅剩下50−45=5（块）饼干。显然，在第9天，聪聪如果吃掉9块饼干，他就亏大了，因为按照规则，剩下的这5块比9块少，所以这些剩下的饼干就不能吃了。

最容易想到的方案是，在最后一天一次吃掉14块饼干，聪聪可以吃9天，并且还不浪费饼干。当然，在不影响吃饼干天数的前提下，还可以提前多吃一点儿饼干。

按题意，有7种吃饼干的方案，分别如下：

1，2，3，4，5，6，7，8，14

1，2，3，4，5，6，7，9，13

1，2，3，4，5，6，7，10，12

1，2，3，4，5，6，8，9，12

1，2，3，4，5，6，8，10，11

1，2，3，4，5，7，8，9，11

1，2，3，4，6，7，8，9，10

**例题9.3** 现有1000个苹果，分别装到10个箱子里，要求不拆箱，可以随时拿出任何数目（不多于1000个）的苹果来。是否可行？若不行，请说明理由；若行，如何设计？

## 解答

假设$k$个箱子中分别装入$f_1$、$f_2$、…、$f_k$个苹果，记$s=f_1+f_2+\cdots+f_k$，如果在不拆箱的前提下，想要随时拿出1到$s$之间任何数目的苹果，也就是整箱地搬出苹果箱，可以列出如下方程式：

$$\delta_1 f_1+\delta_2 f_2+\cdots+\delta_k f_k=p \quad （其中\delta_i=1或\delta_i=0，i=1,2,\cdots,k）$$

当$\delta_i=1$，代表着这箱苹果被搬出来，参与计数；

当$\delta_i=0$，代表着这箱苹果没有被搬出来，不参与计数。

显然，整数$p$与编码$\delta_k\cdots\delta_2\delta_1$建立了一一对应的关系。

根据排列组合的知识，不难看出，$\delta_k\cdots\delta_2\delta_1$的编码数量为$2^k$种。再考虑到编码0…00在实际计量中无意义，$\delta_k\cdots\delta_2\delta_1$的有效编码数量为$2^k-1$种。

（1）当$k=1$时，即箱子数量有1个，编码数量有1种，得$f_1=1$。

（2）当$k=2$时，即箱子数量有2个，编码数量有$2^2-1=3$种。也就是说，利用两个箱子，最多能拿出的苹果数量为3个，$f_1+f_2=3$，得出$f_2=2$。

（3）当$k=3$时，即箱子数量有3个，编码数量有$2^3-1=7$种。也就是说，利用三个箱子，最多能拿出的苹果数量为7个，$f_1+f_2+f_3=7$，得出$f_3=4$。

同理，可以得出：$f_4=8$，$f_5=16$，$f_6=32$，$f_7=64$，$f_8=128$，$f_9=256$。

至此，装入箱子里的苹果一共为$1+2+\cdots+128+256=511$（个）。

最后，将剩下的$1000-511=489$（个）苹果全部装入到第10个箱子里，即$f_{10}=489$。

结论：10个箱子里分别装入1、2、4、8、16、32、64、128、256、489个苹果，这样，即使不拆箱，也可以随意拿出任意数量的苹果（不超过1000个）。

**例题9.4** 将2025表示为两个或两个以上连续自然数的和，共有多少种不同的方法？

**解答**

假设2025可以表示为以$a$为首项的$m(m\geqslant 2)$个连续自然数之和。

$$a+(a+1)+\cdots+(a+m-1)=2025$$

根据等差数列的求和公式，得到

$$\frac{[a+(a+m-1)]\times m}{2}=2025$$

化简后，有 $(2a+m-1)\times m=4050$

注意上式的左边，$2a-1$是一个正整数并且是一个奇数，这样，$2a-1+m$和$m$这两个数中，必然有一个是奇数，另一个是偶数。

$\sqrt{4050}\approx 63.6$，问题转换为：4050在1和64之间的因数有多少个？

$$4050=2\times 3\times 3\times 3\times 3\times 5\times 5$$

符合条件的因数有14个，分别是2，3，5，6，9，10，15，18，25，27，30，45，50，54。也就是说，2025表示为两个及两个以上连续自然数之和的方法有14种。

（1）当$m=2$时，解出$a=1012$，有

$$2025=1012+1013$$

（2）当$m=3$时，解出$a=674$，有

$$2025=674+675+676$$

（3）当$m=5$时，解出$a=403$，有

$$2025=403+404+405+406+407$$

其他情况，均可依次验证，不再赘述。

## 习题九

**第1题**　把20和17分别拆分成两个自然数，再求出这两个自然数的乘积，要使其乘积最大，应该如何拆分？

**第2题**　求正整数$n$及$a_1,a_2,\cdots,a_n$的值，使$a_1+a_2+\cdots+a_n=2017$且乘积最大。（改编自1979年美国第40届普特南数学竞赛A－1题）

**第3题**　求满足下列条件的最小自然数：它既可以表示为7个连续自

然数之和，又可以表示为8个连续自然数之和，还可以表示为9个连续自然数之和。

**第4题** 有面值为1分、2分、5分的硬币各4枚，用它们去支付3角3分。请问：有多少种不同的支付方法？

**第5题** 将一根长144厘米的铁丝，做成长、宽都是整数的长方形或正方形，共有多少种不同的做法？其中，最大的面积是多少？

**第6题** 若干只同样的盒子排成一列，聪聪把42个同样的小球放在这些盒子里，然后外出。明明从每只盒子里取出一个小球，然后，把这些小球再放到了小球数量最少的盒子里，并把盒子重排了一下。聪聪回家，仔细查看后，没有发现有人动过小球和盒子。问：一共有多少只盒子？

**第7题** 将50拆分成4个自然数，使得第一个数乘2等于第二个数除以2；第三个数加上2等于第四个数减去2。请问：有多少种不同的分法？

**第8题** 育新学校的科学试验室被盗，清点后发现有一架天平只剩下三个砝码，重量分别是1克、2克和5克，其他的砝码全部失窃。校长批示试验室再配备三个整数克重量的砝码，要求能够称出重量足够大，还要能够称量出从1克到最大称重数之间的所有整数克的重物。请问：应该如何配备这三个砝码？

# 10 欧拉的算术题

# 还原法的神奇应用

莱昂哈德·欧拉（1707—1783）是瑞士著名数学家，也是世界历史上最优秀、最伟大的数学家之一，在数学理论中经常会看到以欧拉命名的重要常数、公式和定理。

欧拉28岁时，由于严酷的气候和长期紧张的工作，视力急剧下降，59岁双目失明。失明以后，他仍然依靠惊人的记忆和心算能力进行创作。

欧拉一生成就非凡，著述颇丰。欧拉的作品文笔流畅，简明清晰，通俗易懂，引人入胜，见解具有独创性。德国数学家高斯曾说："阅读欧拉的作品是了解数学最好的方法。"

在他所著的《代数基础》一书中，记载了一则有关遗产分配的数学问题。

有一位父亲，临终时嘱咐他的儿子们这样来分配他的遗产：大儿子分得100克朗和剩下财产的十分之一；二儿子分得200克朗和剩下财产的十分之一；三儿子分得300克朗和剩下财产的十分之一；四儿子分得400克朗和剩下财产的十分之一；……按这种方法一直分下去，最后，每一个儿子所得财产一样多。问：这位父亲共有几个儿子？每个儿子分得多少财产？这位父亲共留下了多少遗产？

这道经典的数学问题吸引了数学爱好者的广泛关注，解法众多，各具特色。只要理顺问题中各种数量的关系，解决这个问题并不困难。

为了表述方便，将每个儿子获得的遗产划分成两部分：（甲）直接分得的现金，即100克朗的整数倍；（乙）剩下财产的十分之一。

发挥逆向思维，以终为始，不妨从最小的儿子出发思考问题：

（1）最小的儿子只能拿到（甲）这部分的钱，得到（甲）后，（乙）为零，遗产不应该有剩余。

（2）最小的儿子拿到的钱和哥哥们取得的财产数量相同。

（3）对于只比最小的儿子大一点儿的哥哥而言，（甲）部分比他弟弟少100克朗，因此，他获得剩余财产的十分之一，即（乙）部分为100克朗。这时，父亲的遗产还剩下900克朗。

（4）因此，最小的儿子得到的遗产为900克朗。

如表10-1所示，依次逆推还原，直到某一个儿子分得的（甲）为100克朗为止。这样，可以知道父亲共有9个儿子，他的财产共有8100克朗。

**表10-1**

| 序号 | 甲 | 乙 |
|---|---|---|
| 1 | 900 | 0 |
| 2 | 800 | 100 |
| 3 | 700 | 200 |
| 4 | 600 | 300 |
| 5 | 500 | 400 |
| 6 | 400 | 500 |
| 7 | 300 | 600 |
| 8 | 200 | 700 |
| 9 | 100 | 800 |

**例题10.1** 举一反三，从多个角度思考问题，是提高学习成绩的有效方法。关于欧拉的遗产分配问题，你能再举出两个方法吗？

**解答**

（方法一）

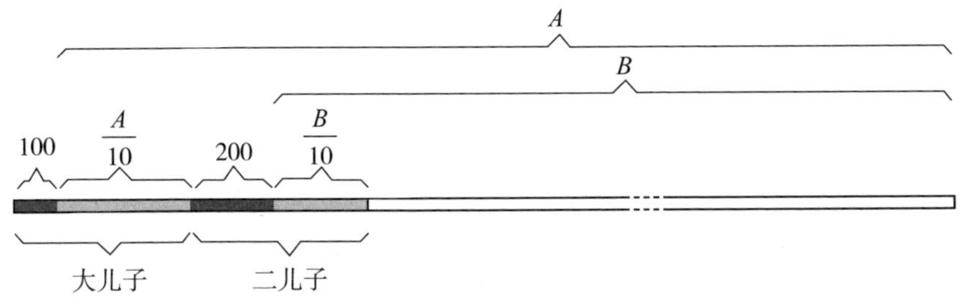


图10–1

如图10–1所示，大儿子分得100克朗后，假设：父亲的遗产还剩下$A$克朗；二儿子分得200克朗后，父亲的遗产还剩下$B$克朗。

按题意，大儿子和二儿子获得的财产数量相同，有

$$100+\frac{A}{10}=200+\frac{B}{10}$$

简化得

$$A-B=1000 \tag{1}$$

按图10–1揭示的数量关系有

$$A-B=\frac{A}{10}+200 \tag{2}$$

方程（1）和方程（2）的右边相等，得

$$\frac{A}{10}+200=1000$$

解得 $$A=8000$$

结论：父亲的财产一共有8100克朗。

（方法二）

根据每一个儿子获得父亲遗产的方式列方程。假设父亲一共有$n$个儿子，每个儿子分得的财产为$p$克朗，那么父亲的遗产共有$n \cdot p$克朗。按题意，根据大儿子的遗产获得方式，列方程：

$$p=100+\frac{n \cdot p-100}{10}$$

简化后 $$(10-n)p=900 \quad (3)$$

再根据二儿子的遗产获得方式，列方程：

$$p=200+\frac{(n-1)p-200}{10}$$

简化后 $$(11-n)p=1800 \quad (4)$$

根据方程（3）和方程（4），得 $\frac{10-n}{900}=\frac{11-n}{1800}$，解得$n=9$。

那么，根据方程（3），有$p=900$。

也就是说，父亲有9个儿子，每个儿子得到900克朗的遗产。

**例题10.2** 一群小朋友去苹果园采摘，摘下的苹果全部堆在一起。采摘结束后，第一名小朋友先拿走4个苹果，然后又拿走剩下苹果的八分之一；第二名小朋友先拿走8个苹果，再拿走了剩下的八分之一；第三名小朋友先拿走了12个苹果，再拿走了剩下的八分之一；依此类推，最后恰好将苹果全部分完，并且每名小朋友获得的苹果数量全部相等。问：这堆

苹果一共有多少个？小朋友一共有多少名？

## 解答

用还原法解题。除最后一个小朋友以外，其他小朋友得到苹果都分两步，而最后一个小朋友得到若干个苹果后，苹果恰好被分完，倒数第二个得到苹果的小朋友，第二步（剩下的八分之一）取得的苹果数为4个。这样，说明最后一个小朋友得到的苹果数为28个。

如表10–2所示，一共有7个小朋友，每个小朋友得到28个苹果，这堆苹果一共有196个。

**表10–2**

| 序号 | 第一步 | 第二步 |
|---|---|---|
| 1 | 28 | 0 |
| 2 | 24 | 4 |
| 3 | 20 | 8 |
| 4 | 16 | 12 |
| 5 | 12 | 16 |
| 6 | 8 | 20 |
| 7 | 4 | 24 |

**例题10.3** 一个好心人走在回家的路上。他先遇到第一名乞丐，这名乞丐得到了好心人口袋里所有钱的四分之一；没多久，他又遇到了第二名乞丐，这名乞丐得到了好心人口袋里所有钱的三分之一，然后，他又给了乞丐2元；快到家的时候，他遇到了第三名乞丐，这名乞丐得到了好心人口袋里所有钱的二分之一，另追加4元。回到家中，他发现口袋里的钱

只剩五分之一了。请问：好心人的口袋里原来有多少钱？

## 解答

为了描述方便，简记：（甲）整数分之一；（乙）追加部分；（丙）好心人口袋中剩余的钱。

采用还原法来解题。假设好心人最后剩余$a$元钱，按题意，说明好心人口袋中原有的钱数为$5a$元。

好心人遇到第一名乞丐时，送给乞丐的钱数为$\frac{5a}{4}$元，口袋里还剩下$\frac{15a}{4}$元。

好心人遇到第二名乞丐时，送给乞丐的钱数为$\frac{5a}{4}+2$（元），口袋里还剩下的钱数为$\frac{15a}{4}-(\frac{5a}{4}+2)=\frac{5a}{2}-2$（元）。

好心人遇到第三名乞丐时，送给乞丐的钱数为$(\frac{5a}{2}-2)\cdot\frac{1}{2}+4=\frac{5a}{4}+3$（元），口袋里还剩下的钱数为：$(\frac{5a}{2}-2)-(\frac{5a}{4}+3)=\frac{5a}{4}-5$（元）。

以上分析列于表10–3中。

表10–3

| 序号 | 甲 | 乙 | 丙 |
|---|---|---|---|
| 原有的钱 | | | $5a$ |
| 第一名乞丐 | $5a\cdot\frac{1}{4}=\frac{5a}{4}$ | 0 | $\frac{15a}{4}$ |
| 第二名乞丐 | $\frac{15a}{4}\cdot\frac{1}{3}=\frac{5a}{4}$ | 2 | $\frac{5a}{2}-2$ |
| 第三名乞丐 | $\frac{5}{2}a-2\cdot\frac{1}{2}=\frac{5a}{4}-1$ | 4 | $\frac{5a}{4}-5=a$ |

按题意，可以列方程：$\frac{5a}{4}-5=a$

解方程，得 $a=20$（元）

也就是说，这个好心人口袋里原有100元钱，最后剩下20元。

**例题10.4** 五只猴子轮流分桃。第一只猴子来了，它将桃子分成了五堆，结果多出了一个桃子，它将多出来的桃子吃掉，然后拿走了一堆桃子；第二只猴子来了，它将桃子分成五堆，结果又多出一个，它将多出来的桃子吃掉，然后拿走一堆桃子；依此类推，五只猴子都是这样分桃。请问：这堆桃子原来至少有多少个？最后剩下的桃子至少还有多少个？

## 解答

著名物理学家、诺贝尔奖获得者李政道教授在视察中国科技大学少年班时，曾经出过这道被称为“猴子分桃”的习题。

按题意，猴子每次分桃子的数量除以5都余1，很容易想到，假设能增加4个桃子，猴子每次都可以将桃子平均分成五堆。假设原来的桃子共有$a$个，然后再增加4个桃子，记$A=a+4$。

吃到肚子里的桃子，相当于被猴子拿走了。这样，问题就转化为：第一只猴子来了，它将桃子平均分成了五堆，然后拿走了其中的一堆；第二只猴子来了，它也将桃子平均分成了五堆，然后拿走了其中的一堆；依此类推，五个猴子都是这样分桃的。

第一只猴子拿走（包括吃掉）的桃子数量为$\frac{1}{5}A$，剩下的桃子数量为$\frac{4}{5}A$。

第二只猴子拿走（包括吃掉）的桃子数量为$\frac{1}{5}\left(\frac{4}{5}A\right)=\frac{4}{5^2}A$，剩下的桃子数量为$4\left(\frac{4}{5^2}A\right)=\frac{4^2}{5^2}A$。

第三只猴子拿走（包括吃掉）的桃子数量为$\frac{1}{5}\left(\frac{4^2}{5^2}A\right)=\frac{4^2}{5^3}A$，剩下的桃子数量为$4\left(\frac{4^2}{5^3}A\right)=\frac{4^3}{5^3}A$。

第四只猴子拿走（包括吃掉）的桃子数量为$\frac{1}{5}\left(\frac{4^3}{5^3}A\right)=\frac{4^3}{5^4}A$，剩下的桃子数量为$4\left(\frac{4^3}{5^4}A\right)=\frac{4^4}{5^4}A$。

第五只猴子吃掉和拿走的桃子数量为$\frac{1}{5}\left(\frac{4^4}{5^4}A\right)=\frac{4^4}{5^5}A$，剩下的桃子数量为$4\left(\frac{4^4}{5^5}A\right)=\frac{4^5}{5^5}A$。

显然，要保证$\frac{1}{5}A$、$\frac{4}{5^2}A$、$\frac{4^2}{5^3}A$、$\frac{4^3}{5^4}A$、$\frac{4^4}{5^5}A$这些数都是自然数，$A$的因数至少包括数$5^5=3125$。取符合条件的最小值$A=3125$，考虑到$A=a+4$，还原后，得$a=3121$，$\frac{4^5}{5^5}A-4=1024-4=1020$。

结论：这堆桃子原来至少有3121个，这时，最后还剩下1020个桃子。

## 习题十

**第1题**　修路队修一条路。第一天修了全长的一半，又多修了10米；

第二天修了余下的一半，又多修了20米；第三天又修了余下的一半，又多修了30米。这时，还剩下50米没有修。这条路的全长是多少米?

**第2题** 一个书架分上中下三层，一共放书360本，如果从上层取出与中层同样多的书放入中层，再从中层取出与下层同样多的书放入下层，最后又从下层取出与当时上层同样多的书放入上层。这时，三层书架每一层的书数量都相同。请问：这个书架上中下三层原来各放了多少本书?

**第3题** 兄弟三人共有24个苹果。大哥将自己的苹果留下一半，然后将另一半平分后送给两位弟弟；接着，二哥将自己的苹果留下一半，然后将另一半平分后送给哥哥和弟弟；最后，小弟也将自己的苹果留下一半，然后将另一半平分后送给两位哥哥。兄弟互敬互让，结果各自拥有的苹果数量相同。请问：兄弟三人原来各有多少个苹果?

**第4题** 超市里有食用油若干。第一天上午卖出去一半，下午又运来了100千克；第二天又卖出去一半，下午又运来了300千克；第三天又卖出去一半，下午又运来了500千克。晚上超市盘点，发现食用油的库存比第一天少了4千克。请问：超市里原来有多少千克食用油？

**第5题** 育新学校四年级全部的班级都参加植树节劳动。1班的同学先来领树苗，他们拿走了8棵树苗后，又拿走了剩下树苗数量的九分之一；2班的同学也来领树苗，他们拿走了16棵树苗后，又拿走了剩下树苗数量的九分之一；3班的同学也来领树苗，他们拿走了24棵树苗后，又拿走了剩下树苗数量的九分之一；依此类推，最后一个班级领走了全部的树苗。这时发现，每个班级领取的树苗数量相同。请问：共有多少个班级？共有多少棵树苗？

**第6题** 一名绅士在回家的路上，他先遇到了第一名乞丐，他将口袋中所有钱的二分之一都施舍出去，又追加了1元钱；当他遇到第二名乞丐时，他同样将当时口袋里全部钱的二分之一都施舍出去，又追加了2元钱；

当他遇到第三名乞丐时，他同样将当时口袋里全部钱的二分之一都施舍出去，又追加了3元钱。当他回到家，发现口袋里只剩下1元钱了。请问：他口袋里原来有多少钱？

**第7题** 从前，有个农夫死后留下了一些牛，他在遗书中写道："分给妻子全部牛的一半再加半头；分给大儿子剩下的一半再加半头；分给二儿子剩下的一半再加半头；分给女儿最后剩下的一半再加半头。"请问：农夫留下了多少头牛？

**第8题** 甲、乙、丙、丁四名水手和一只猴子流落到一个荒岛上，荒岛上仅有的食物是椰子。白天，他们为采集椰子而劳累了一天，于是决定先去睡觉，等第二天起来后再分配。夜里，水手甲醒来，决定先拿走自己的那份椰子，他将椰子按数量等分为四堆，结果发现多出了一个椰子，于是他把这个多出的椰子给了猴子，接着藏好了自己的那份椰子又去睡觉了。不久，水手乙也醒来，他做了与水手甲同样的事，将椰子等分成四份，发现多出了一个，送给猴子一个椰子，接着藏好了自己那份椰子也去睡觉了。后来，水手丙也醒来，他也跟前两名水手一样，将椰子等分成四份，发现多出来了一个，送给了猴子一个椰子后，藏好了自己那份椰子就睡觉去了。最后，水手丁也醒来，他也跟前三名水手一样，将椰子等分成四份，送给了猴子一个椰子后，藏好了自己那份椰子就去睡觉了。早晨，这四名水手睡醒，开始分配椰子，送给猴子一个椰子后，恰好能将剩下来的椰子平分为四份。试问：水手们采集到的椰子的数目最少是多少？

# 11 驴骡相争

# 趣味互给问题的解法

欧几里得（公元前330—公元前275）是古希腊数学家，他最著名的著作《几何原本》是近代数学的基础，是世界历史上最成功的教科书，欧几里得因此被誉为“几何学之父”。

由于欧几里得的积极推动，在古希腊的亚历山大里亚，几何成为当时流行文化中的时髦话题。为了追时髦，连国王托勒密一世也想学一点儿几何。于是，他派人邀请欧几里得来到王宫。托勒密一世对欧几里得说：“我想学习几何，我想学得快一些，有什么捷径呀？”欧几里得回答道：“尊敬的陛下！在几何学里，没有专为国王铺设的大道。”

从此，欧几里得的这句话成为人们千古传诵的学习箴言。

《希腊诗文集》记载着一则由欧几里得亲自编写的“驴骡相争”的互给类问题。

驴和骡驮着沉重的包裹并排向前进，驴向骡抱怨驮的货物太重，压得受不了。骡子说：“你发什么牢骚啊！我驮的比你的重。如果你背的包裹给我1个，我驮的货物就是你驮的两倍；而我若给你1个包裹，咱俩的货物才刚好一般多。”请问：驴和骡各驮了几个包裹？

如图11-1所示，线段AC代表骡驮的货物，线段CB代表驴驮的货物，线段DC和CE均代表一个包裹。

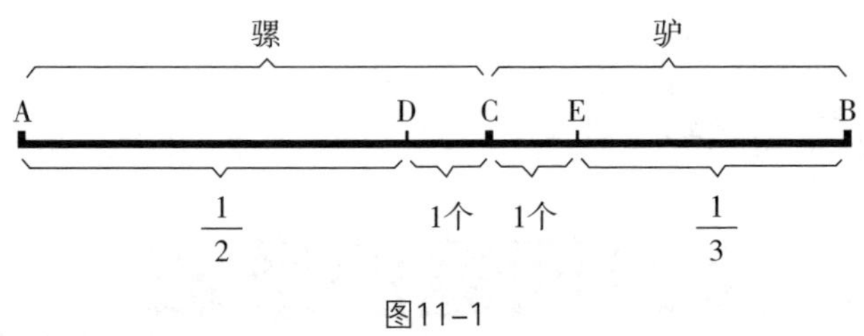


图11-1

按题意，驴的包裹数量给骡1个，骡的包裹数量就是驴的两倍，这样，说明线段EB相当于骡和驴驮的货物总量的$\frac{1}{3}$。

另外，因为从骡子的货物中给驴一个包裹，它们的货物就一样多，可以知道，线段AD相当于骡和驴驮的货物总量的$\frac{1}{2}$。

也就是说，线段DE就相当于骡和驴驮的货物总量$1-(\frac{1}{3}+\frac{1}{2})=\frac{1}{6}$，线段DE表示的包裹数量为2个，也就是说，骡和驴驮的包裹总量为12个。

结论：骡驮的包裹数量为7个，驴驮的包裹数量为5个。

**例题11.1** 关于“驴骡相争”这道古老的数学趣题，请应用代数法求解。

**解答**

假设：驴驮的包裹数量为$a$，骡驮的包裹数量为$b$。

根据题意，列方程：

$$\begin{cases} 2(a-1)=b+1 \\ a+1=b-1 \end{cases}$$

简化后，得

$$\begin{cases} 2a-b=3 \\ b-a=2 \end{cases}$$

解方程得　$a=5$，$b=7$

因此，驴驮的包裹数量为5个，骡驮的包裹数量为7个。

**例题11.2**　两个商人在旅途中聊天。甲说：“如果你愿意将你四分之一的金币送给我，我就有12枚金币了。”乙说：“如果你愿意将你三分之一的金币送给我，我就有15枚金币了。”请问：这两个商人分别有多少枚金币？

**解答**

（算术法）

甲得到乙的四分之一就有了12枚金币，说明乙的金币数能被4整除，并且甲的金币数少于12；乙得到甲金币的三分之一就有15枚金币，说明甲的金币数能被3整除，并且乙的金币数少于15。

这样，甲的金币数量可选范围为3、6、9。

（1）假设甲的金币数是3，则乙的四分之一是9，得乙的金币数是36，大于15，不符合题意。

（2）假设甲的金币数是6，则乙的四分之一是6，得乙方的金币数为24，大于15，也不符合题意。

（3）因此，甲的金币数是9，则乙金币数的四分之一是3，得乙的金币数为12。

（代数法）

假设甲的金币数是$a$，乙的金币数是$b$。

按题意，列方程：
$$\begin{cases} a+\frac{1}{4}b=12 \\ \frac{1}{3}a+b=15 \end{cases}$$

整理
$$\begin{cases} 4a+b=48 \\ a+3b=45 \end{cases}$$

解方程得　$a=9$，$b=12$

因此，甲有9枚金币，乙有12枚金币。

**例题11.3**　甲乙两个朋友谈话，甲对乙说：“如果你给我100枚铜币，我的财富将是你的2倍。”乙回答说：“你只要给我10枚铜币，我的财富就是你的6倍。”请问：两人各有多少铜币？

## 解答

如图11-2所示，线段AC代表甲的铜币数，线段CB代表乙的铜币数。

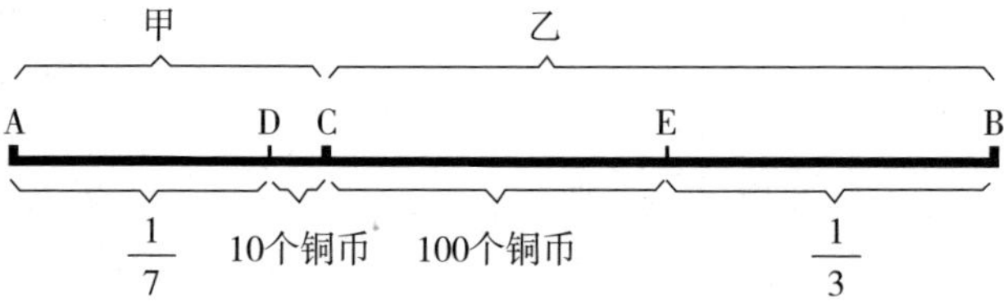

甲　乙
A　D　C　E　B
$\frac{1}{7}$　10个铜币　100个铜币　$\frac{1}{3}$

图11-2

线段CE代表100个铜币，按题意，线段AE是线段EB的两倍，因此，线段EB相当于甲乙铜币总数的$\frac{1}{3}$。

线段DC代表10个铜币，按题意，线段AD相当于甲乙铜币数的$\frac{1}{7}$。

这样，线段DE相当于甲乙铜币总数的$1-(\frac{1}{3}+\frac{1}{7})=\frac{11}{21}$，而线段DE代表的铜币数为$10+100=110$（个），也就是说，甲乙的铜币总数为$110\div\frac{11}{21}=210$（个）。

如图11–2所示，线段AD相当于30个铜币，线段EB相当于70个铜币。因此，甲有40个铜币，乙有170个铜币。

**例题11.4** 农妇甲和农妇乙去集市上卖鸡蛋，她们一共带了120个鸡蛋，她们带的鸡蛋数量不同，却卖了同样多的钱。农妇甲对农妇乙说："如果我有你那么多的鸡蛋，我就能卖24元。"农妇乙笑着说："如果我只有你那么多的鸡蛋，我就只能卖6元。"请问：两位农妇各带了多少个鸡蛋？（改编自欧拉的《代数基础》）

**解答**

（1）农妇甲和农妇乙带的鸡蛋数量不同，却卖出了同样多的钱，说明这两个农妇的鸡蛋数量和单价成反比例关系。

（2）农妇甲带的鸡蛋数量比农妇乙的少，鸡蛋的单价比农妇乙的高。

假设：农妇甲带的鸡蛋数量是$a$个，单价为$b$元，农妇乙带的鸡蛋数量是农妇甲的$n$倍。

这样，农妇乙带的鸡蛋数量为$n\cdot a$个，单价为$\frac{b}{n}$元。

按题意，列方程：

$$\begin{cases}(n\cdot a)\cdot b=24\\ a\cdot\frac{b}{n}=6\end{cases}$$

将方程中的两个等式左边除以左边，右边除以右边，得$n \cdot n=4$，即$n=2$。

她们共带了120个鸡蛋，即$a+n \cdot a=120$。

将$n=2$代入，得$a=40$。

结论：农妇甲带了40个鸡蛋，农妇乙带了80个鸡蛋。

## 习题十一

**第1题** 甲："如果我从乙那儿得到7两银子，我所有的银子数是乙的5倍。"乙："如果我从甲那儿得到5两银子，则我所有的银子数是甲的7倍。"问：甲乙二人原各有多少银子？

**第2题** 甲乙丙三人去买布料。甲说："我买的比乙买的多12米。"乙说："我买的比丙买的多9米。"丙说："我们三人一共买了102米。"问：这三个人各自买了多少米？

**第3题** 三个小朋友比谁拥有的漫画书多。甲："我的书送给丙1本后，我的书就和他的一样多。"乙："我的书送给甲8本后，就只有甲的一半那么多了。"丙："我的书比乙少7本。"问：三个小朋友各有多少本漫画书？

**第4题** 甲乙二人议论各自有多少银子。甲说："如果乙的给我三分之一，我就有150两银子。"乙说："如果甲给我一半银子，我也有150两银子。"请问：甲乙二人各有多少银子？

**第5题** 甲乙二人隔河放羊。甲说："如果我得到你的9只羊，我的羊数量就是你的2倍。"乙说："如果我得到你的9只羊，我们两家的羊就一样多。"请问他们各有多少只羊？

**第6题** 有5只麻雀和6只燕子站在天平的两个托盘上，麻雀一端重，燕子一端轻。如果从两端交换麻雀和燕子各一只，天平秤的两端就一样重。

已知全部麻雀和燕子的总重量为1斤，请问：麻雀和燕子每只各重多少？

1斤=10两

**第7题** 今有甲乙丙三人，讨论他们各有多少银子。甲说：“我得到乙的三分之二，再得到丙的三分之一，就有100两银子。”乙说：“我得到甲的三分之二，再得到丙的二分之一，也有100两银子。”丙说：“我得到甲乙各三分之二，也有100两银子。”请问：甲乙丙三人各有多少银子？

**第8题** 现有两堆围棋子，如果从第一堆中取出100颗放进第二堆，那么第二堆是第一堆的一倍。相反，如果从第二堆中取出部分棋子放进第一堆，那么，第一堆的数量将是第二堆数量的6倍。请问：第一堆中的棋子数量最少是多少？并且在这种情况下，再求出第二堆棋子的数量。

# 12 鸡兔同笼

# 置换法的算术应用

鸡兔同笼是中国古代著名趣题之一，最早见于我国晋朝时期的《孙子算经》。南宋时期，杨辉所著的《续古摘奇算法》中录有“鸡兔同笼”算题。十七世纪，《续古摘奇算法》传入日本。日本数学家将“鸡兔同笼”改编为“鹤龟算”。

鸡兔同笼是小学生算术应用的常见题型，很多算术应用题都可以转化为鸡兔同笼问题。

**例题12.1** 今有雉兔同笼，上有三十五头，下有九十四足。问：雉兔各几何？（选自《孙子算经》下卷）

### 解答

雉是野鸡的意思，野鸡和兔子都只有一个头，但野鸡有两只脚、兔子有四只脚。整段文字翻译成白话就是：把野鸡和兔子关在一个笼子里，已知有35个头，有94条腿，请问：野鸡、兔子各有多少只？这类题目的本身就带有很好玩的故事性。

假设笼子里的兔子是训练有素的动物，现在要求所有的兔子都抬起两只脚，这时，所有的兔子和野鸡都只有两条腿站在地上，这时候落地的腿数等于兔子和野鸡总只数的两倍。即$35\times2=70$（条）腿。

按题意，笼子里的总腿数为94条，多出来的腿属于兔子抬起来的腿，一共有94－70＝24（条）腿。

$$24 \div 2 = 12\text{（只）}$$

$$35 - 12 = 23\text{（只）}$$

也就是说，笼子里有12只兔子，有23只野鸡。

**例题12.2** 粮仓里的粮食有大米和小麦，共500千克，总价值为3100元，已知大米每千克7元，小麦每千克5元，请问：大米和小麦各有多少千克？（改编自明代程大位所著的《算法统宗》）

**解答**

假设粮仓里所有的粮食都是小麦，这样，全部粮食的价值为500×5＝2500（元），而按题意，粮食的总价值为3100元，差价为3100－2500＝600（元）。说明粮食中有若干比小麦更值钱的大米。

如果用1千克的小麦置换1千克的大米，粮食的重量不变，价值增加了2元。

$$600 \div 2 = 300\text{（千克）}$$

说明需要用300千克的小麦来转换成300千克的大米，恰好符合题意。

结论：粮仓里有300千克的大米，有500－300＝200（千克）的小麦。

置换法是应用算术法解决鸡兔同笼问题的主要思路，应用时注意如下的问题：在置换的过程中不变量是什么？在保持某种数量不变的前提下变量有哪些？如何调整变量？

**例题12.3** 有一处院子养了仙鹤和乌龟，共100只，已知鹤、龟的脚有272只，问鹤、龟各有多少只？（选自日本《算法点窜指南录》）

**解答**

仙鹤有两只脚，乌龟有4只脚，应用置换法，假设院子里全部是仙鹤，100只仙鹤有200只脚，而按题意，院子里有272只脚，多出了272－200＝72（只）脚。

用一只乌龟置换一只仙鹤，鹤、龟的总数保持不变，但脚数增加2只，这样，需要用72÷2＝36（只）仙鹤置换36只乌龟才能让总脚数达到272只，以满足题意。

结论：院子里有36只乌龟，有100－36＝64（只）仙鹤。

**例题12.4** 一群爸爸和妈妈带着小朋友到苹果园采摘，已知每个小朋友的妈妈都来参加，部分小朋友的爸爸也来参加，并且没有双胞胎和多胞胎。已知参加活动的总人数为38人，采摘的苹果数为660个，其中爸爸每人采摘30个苹果，妈妈每人采摘18个苹果，小朋友每人采摘10个苹果。请问：小朋友有多少名？有多少小朋友的爸爸参加了采摘？

**解答**

假设采摘苹果的人只有妈妈和小朋友。已知参加采摘的人数有38人，即有19个小朋友和小朋友的妈妈。

按题意，她们采摘的苹果数为(18＋10)×19＝532（个），与660个苹果的差额为128个。

用一个小朋友和一个妈妈来置换两个爸爸，按题意，两个爸爸采摘的苹果数为30×2=60（个），置换后，人数保持不变，苹果数增加60−28=32（个）。

128÷32=4（次），要补足苹果的差额，需要做4次置换。

结论：小朋友的数量为19−4=15（名），有8名小朋友的爸爸参加了采摘。

**例题12.5** 水果箱里有苹果和橙子若干。苹果每个3元，橙子每个2元，已知苹果的数量大约是橙子的三倍，并且所有的水果价值102元。问：水果箱中的苹果和橙子各有多少个？

**解答**

（置换法）

假设水果箱中全部都是苹果，因为箱内水果的价值是102元，则有102÷3=34（个）苹果。

苹果每个3元，橙子每个2元，恰好可以用2个苹果置换3个橙子，可以保持箱内水果价值不变。

第1次置换后的结果：苹果32个，橙子3个。

第2次置换后的结果：苹果30个，橙子6个。

第3次置换后的结果：苹果28个，橙子9个。

根据题目中的已知条件苹果的数量大约是橙子的三倍，可以得到如下结论：水果箱内有苹果28个，橙子9个。

（分组法）

既然水果箱中苹果的数量大约是橙子的三倍，不妨将3个苹果和1个橙子分成一组（如图12-1所示）。

  ……  

图12-1

三个苹果和一个橙子的价格为$3\times3+2=11$（元），这样，9组水果的价值为$11\times9=99$（元）。

这样，$102-99=3$（元），恰好是1个苹果的价值。

结论：水果箱里有9个橙子，$3\times9+1=28$（个）苹果。

## 习题十二

**第1题** 笼子里有鸡和兔，共有20个头，52条腿，问：鸡和兔各有多少？

**第2题** 动物园里，鸵鸟和长颈鹿生活在同一块草坪上，鸵鸟和长颈鹿的数量为40头，还知道它们的脚共有140只。问：鸵鸟和长颈鹿各有多少头？

**第3题**　学校举办趣味运动会，某项目要求女生三人一组，男生四人一组。已知有150名学生被分成了42组参加活动，请问：男生和女生各有多少人？

**第4题**　育新学校四年级3班的老师和学生共46名，去颐和园划船，租了大船和小船共10条，大船坐6人，小船坐4人。已知，每条船都坐满了人，请问：大船和小船各几条？

**第5题**　聪聪的储钱罐里有一元和伍角的硬币共50枚，清点后，发现钱数是40元。请问：一元和伍角的硬币各有多少枚？

**第6题**　鸡兔同笼，鸡的数量是兔子的两倍，已知笼子里共有24条腿，请问：鸡兔各有多少？

**第7题** 数学解题能力比赛准备了一等奖、二等奖和三等奖的奖品若干，一等奖、二等奖、三等奖的奖品价格分别为7元、4元和2元，奖品的总价格为170元。其中，二等奖的人数比一等奖的多，三等奖的人数是二等奖的两倍。请问：一等奖、二等奖和三等奖各多少名？

**第8题** 有一个商人去市场买鸡和鸭，他身上带了1771元。一只鸡值32元，一只鸭值21元。从市场归来，他身上的钱全用光了。现在要求商人尽量多地买鸭子，请问：他分别买了多少鸡和鸭？

# 13 单假设法

## 中国传统的算术技巧

《九章算术》是中国古代最重要的数学经典，从先秦开始，历经数代学者增补、删减而成。唐宋两代，《九章算术》是当时的朝廷明令规定的算术教科书。

《九章算术》在隋唐时期传入朝鲜、日本，被译成日、俄、德、法等多种文字版本，很多欧洲中世纪的算术题都可以在《九章算术》中找到原型。

解应用题，有代数法和算术法两种主要的方法。代数法就是用字母符号代替未知数，列方程、解方程，获得问题的答案；算术法是指通过分析已知条件中的数量关系，应用四则运算列算式，一次性或分步骤获得问题的答案。

关于单假设法最早记载见于《九章算术》。单假设法是解决线性应用题非常有效的算术法。

单假设法的主要解题步骤：假设一个适当的数为该题的答案，代入问题计算后得到一个结果，比较这个结果与题设中已知条件的比例关系，即扩大（或缩小）多少倍，再把假设的数缩小（或者扩大）同样的倍数。

这样，就找到了满足题设条件的正确答案。

**例题13.1** 有五位官员，打猎捕获五头鹿，决定按官位从低到高以1∶2∶3∶4∶5的比例分配，请问：他们各自分得多少头鹿？（改编自《九章算术》卷三之衰分）

**解答**

假设官员按官位分别获得1头、2头、3头、4头、5头鹿，共需要$1+2+3+4+5=15$（头）鹿。

按题意，实际只猎得5头鹿，相当于结果被扩大了$15\div5=3$（倍）。

只要将假设的数量缩小三分之一即得答案，即官员们按官位从低到高获得鹿的数量分别为$\frac{1}{3}$头、$\frac{2}{3}$头、1头、$1\frac{1}{3}$头、$1\frac{2}{3}$头。

**例题13.2** 聪聪把840毫升的橙汁分别倒入5个大杯和3个小杯中，所有杯子都被倒满。已知小杯的容量是大杯的$\frac{2}{3}$，请问：大杯和小杯的容量分别是多少毫升？

**解答**

按题意，已知小杯容量是大杯的$\frac{2}{3}$，假设大杯的容量是3毫升，小杯的容量则为2毫升。5个大杯和3个小杯的总容量为$3\times5+2\times3=21$（毫升）。

按题意，橙汁的数量为840毫升，21毫升是其四十分之一，只需要将假设扩大40倍即可得到答案。

也就是说，大杯的容量为$3\times40=120$（毫升），小杯的容量为$2\times40=80$（毫升）。

**例题13.3** 一个五层书架上，第二层的书是第一层的二分之一，第三层的书是第一层的五分之四，第四层的书是第一层的三分之二，加上第五层上的33本书，整个书架上共有300本书，请问：书架上第一层至第四层各有多少本书？

**解答**

第五层书架上的书为33本，这样，第一、第二、第三、第四层书架上共有$300-33=267$（本）书。

按题意分析，可知第一层书架上书的数量为偶数，并且可以被5和3整除，取2、3、5的最小公倍数30，假设第一层上有30本书。

这样，第二层有$30\times\frac{1}{2}=15$（本）书，第三层有$30\times\frac{4}{5}=24$（本）书，第四层有$30\times\frac{2}{3}=20$（本）书。

第一、第二、第三、第四层书架上共有$30+15+24+20=89$（本）书，是实际图书267本的三分之一，只要在每层扩大3倍即可。

因此，第一层有90本书，第二层有45本书，第三层有72本书，第四层有60本书。

**例题13.4** 两层书架上有书若干本。如果从第一层上取110本书摆放到第二层，第二层的书将是第一层的六倍；如果从第二层上取120本书摆放到第一层，第一层的书将是第二层的四倍。请问：书架上每层各有多少本书？

**解答**

这道题是典型的互给类问题，以下应用单假设法解题。

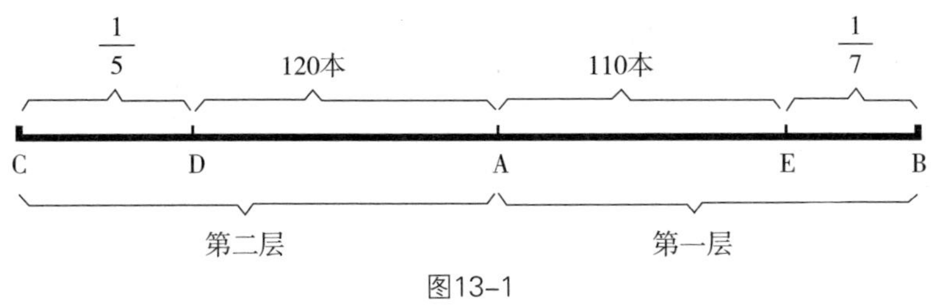

图13-1

如图13-1所示，线段CB是整个书架上书的总数，线段CA表示第二层书架上书的数量，线段AB表示第一层书架上书的数量。

考虑到整个书架的图书数量是5和7的倍数，假设整个书架上有35本书，按比例线段CD相当于7本书，线段EB相当于5本书，而线段DE相当于有35－(5＋7)＝23（本）书，这是实际图书110＋120＝230（本）的十分之一，只要将假设扩大10倍即可。

也就是说，整个书架上有35×10＝350（本）书。

结论：第一层有160本书，第二层有190本书。

## 习题十三

**第1题** 某数乘以5，再减去乘积的$\frac{1}{3}$，将剩下的数再除以7，所得之数是100，建议用单假设法计算出这个数是多少。

**第2题** 超市中花生油的包装有三种，分别是10升、5升和3升，已知10升装的桶数是5升装的三分之二，5升装的桶数是3升装的五分之四，所有花生油的总容量是1110升，请问：三种花生油各有多少桶?

**第3题** 幼儿园组织小朋友去春游，一半小朋友的妈妈都参加了，有五分之二小朋友的爸爸也参加了，再加上5位老师，参加春游的人数为100人，请问：幼儿园一共有多少个小朋友?

**第4题** 快过新年了，小明和小刚从市场上买来了橘子和苹果若干，其中橘子的数量是苹果数量的5倍。小刚一天吃1个苹果、5个橘子，小明一天吃1个苹果、3个橘子，若干天后发现苹果没有了，但橘子还有32个。请问：买回来的苹果和橘子各有多少个?

**第5题** 有车运大米到粮站。第一站，卸下了三分之一的大米；第二站，卸下了剩下的五分之一；第三站，又卸下了剩下的一半，这时，车上

还剩下480千克的大米。请问：原来车上装了多少千克大米？

**第6题** 学校举办运动会，某班级要求同学们自行组队参加集体项目，每个队伍中要求有两名女生和三名男生，已知这个班级的男生和女生的人数相等。结果全部的男生都参加了集体项目，女生有6名同学没有参加，请问：参赛的男生和女生各有多少人？

**第7题** 某养猪场有小猪若干，已知每三只小猪合用一个槽进食，每四只小猪合用一个槽喝水，一共用掉了91个槽。请问：这个养猪场中有多少只小猪？

**第8题** 一个窃贼在某城堡作案，他用偷来的钱的一半贿赂一个卫兵，又用剩下部分的三分之一贿赂另一个卫兵，最后侥幸逃脱，身上还剩下15英镑。请问：城堡主总共丢失了多少英镑？

# 14 比例算法

# 无处不在的比例关系

日常生活和社会经济活动中，比例的应用无处不在。比例算法是传统算术的重要内容，上古时期日中为市，以物易物，往往以某种特殊的商品为中介进行交换，直至出现货币。以货币为中介的商品交换也脱离不了比例，《九章算术》中有很多与货币利息有关的问题。

古往今来，比例算法是算术教科书中的重要组成部分。粮食加工、酿造、运输、裁剪、栽种等生产活动中，原料、半成品和成品之间的关系与比例息息相关，在这些领域中产生了很多正比例、反比例和复比例的应用问题。

《九章算术》的粟米、衰分、均输三章中记载了比例算法的应用题。公元前三世纪，欧几里得的《几何原本》也有关于比和比例的系统阐述。

应用比例算法解应用题的关键在于，正确判断题中两种（或多种）相关联的量是成正比例还是成反比例，然后列成比例式或方程来解答。

**例题14.1** 在秦汉时期，1斤=16两，1两=24铢。已知：生丝1斤可换熟丝12两，熟丝1斤可染成青丝1斤12铢。请问：青丝1斤需要多少生丝来交换？（改编自《九章算术》均输章之十）

**解答**

因为秦汉时期的1斤=16两，1两=24铢，已知生丝1斤可换熟丝12两，

熟丝1斤可染成青丝1斤12铢，它们之间的交换比例相当于：

$$\frac{生丝}{熟丝}=\frac{16}{12} \qquad \frac{熟丝}{青丝}=\frac{32}{33}$$

生丝和青丝之间的交换比例为$\frac{生丝}{青丝}=\frac{16}{12}\times\frac{32}{33}=\frac{128}{99}$。也就是说，青丝1斤需要$\frac{128}{99}$斤生丝去交换，$\frac{128}{99}$斤合1斤4两$16\frac{16}{33}$铢。

**例题14.2** 甲、乙两个酒商来到巴黎，甲买了64桶酒，乙买了20桶酒。但是，他们都没有带足够的钱交纳关税。于是，甲交了5桶酒和40法郎；乙交了2桶酒，找回40法郎。请问：每桶酒价值多少？每桶酒应付关税多少？

**解答**

每桶酒交纳关税的比例是相同的。

按题意，甲乙两个酒商共84桶酒，一共交纳关税相当于7桶酒。也就是说，每桶酒交纳关税的比例是$\frac{7}{84}=\frac{1}{12}$。

64桶酒的$\frac{1}{12}$为$5\frac{1}{3}$桶酒。而甲为64桶酒交纳的关税为5桶酒和40法郎。也就是说，$\frac{1}{3}$桶酒的价值为40法郎。

这样，1桶酒的价值为120法郎，每桶酒应交纳的关税为10法郎。

**例题14.3** 100个馒头供100个和尚来吃。一个大和尚分3个馒头，三个小和尚分1个馒头。请问：大和尚和小和尚各有多少人？（改编自明代程大位《算法统宗》）

**解答**

100个馒头100个和尚，馒头的个数和和尚的人数相同。如果将大和尚1人、小和尚3人视为一个组合，按题意，这4个和尚恰好可以分得4个馒头。这样的组合同比例地扩大25倍，恰好是100个和尚与100个馒头。

也就是说，有大和尚25人，小和尚75人。

**例题14.4** 一富翁的妻子怀孕了，他却因病垂危，临终前，富翁留下遗嘱："如果妻子生的是男孩，妻子和儿子各分家产的一半。如果是女孩，女孩分得家产的三分之一，其余归妻子。"丈夫死后不久，妻子生下一男一女双胞胎。请问：这笔财产该怎样分呢？

**解答**

按遗嘱中确定的比例进行分配。妻子和儿子得到的遗产相同，妻子是女儿得到的遗产的2倍。即

妻子：儿子=1：1　　妻子：女儿=2：1

儿子：妻子：女儿=2：2：1

儿子、妻子和女儿只要按2：2：1的比例分配遗产，即满足上述条件。

结论：妻子和儿子分别获得遗产的五分之二，女儿获得遗产的五分之一。

**例题14.5** 古代印度有一位老人，临死之前对三个儿子说："我仅留下17头牛，你们把它们分了吧。老大得二分之一，老二得三分之一，老三

得九分之一。无论如何，都不得把牛杀死。”说完不久，老人去世了。请问：应该如何执行老人的遗言？

### 解答

按题意，老大得二分之一，老二得三分之一，老三得九分之一，这样，兄弟三人的分配比例就是：

$$\frac{1}{2}:\frac{1}{3}:\frac{1}{9}=9:6:2$$

$$9+6+2=17$$

老大得到牛数量的$\frac{9}{17}$，老二得到牛数量的$\frac{6}{17}$，老三得到牛数量的$\frac{2}{17}$。

结论：老大得到9头牛，老二得到6头牛，老三得到2头牛。

## 习题十四

**第1题** 某工厂要加工960个零件，前8天加工了240个。照这样计算，其余的零件还要加工几天？

**第2题** 某车间加工一批零件，每天加工2200个，14天可以完成。如果每天加工2800个，多少天可以完成？

**第3题** 某人骑自行车往返于甲、乙两地用了5小时，去时每小时行14千米，返回时每小时行6千米。求甲、乙两地相距多少千米？

**第4题** 四年级1班和2班的学生人数之比是5：6，四年级2班和3班的学生人数之比是7：8，已知这三个班的学生人数均不超过50人，请问：这三个班的学生人数各有多少？

**第5题** 某面粉加工厂，3台磨粉机6小时加工小麦1620千克。照这样计算，5台磨粉机8小时可以加工小麦多少千克？

**第6题** 一富翁捐出全部财产的一半，然后又捐出剩下财产的五分之一，还剩下价值1.2亿元的财产。请问：富翁的全部财产价值多少？

**第7题** 一个皇冠重1200克，是金、铜、锡、铁的合金。已知其中金和铜占了三分之二，金和锡占了四分之三，金和铁占了五分之三。请问：金、铜、锡和铁各重多少？

**第8题** 甲乙丙三人共出资204万元，合资购买了一幢房子，甲出资是乙的3倍，乙出资是丙的4倍。问：他们三人各出资了多少万元？

# 15 五渠注池

# 解决合作问题的技巧

合作问题也被称为工程问题，例如：已知二人（或多人）分别完成某项工作所需的时间，然后求他们合作完成这项工作所需要的时间；或者已知某人单独完成两项（或多项）工作的效率，然后求此人一个人承担全部工作后的综合效率等。

合作问题在世界上各类算术著作中都受到重视，表现形式多种多样，“归一算法”和“单假设法”是解决合作问题的主要算术技巧。

**例题15.1** 今有池，五渠注之。其一渠开之，少半日（三分之一日）一满；次，一日一满；次，二日半一满；次，三日一满；次，五日一满。今皆决之，问几日满池？（选自《九章算术》均输章之二十六）

### 解答

这道题用白话翻译如下：有一池塘，有五个渠与之相连。单独开其中的第一道渠，$\frac{1}{3}$日可以将池塘注满；单独开第二道渠，1日即可将池塘注满；单独开第三道渠，$\frac{5}{2}$日可以将池塘注满；单独开第四道渠，3日可将池塘注满；单独开第五道渠，5日可以将池塘注满。请问：如果将五道渠全部打开，几日可以将池塘注满？

（1）单假设法

假设五道渠全部打开15日，计算能将池塘注满多少次。

第一道渠，15日内可以将池塘注满$15\div\frac{1}{3}=45$（次）。

第二道渠，15日内可以将池塘注满$15\div1=15$（次）。

第三道渠，15日内可以将池塘注满$15\div\frac{5}{2}=6$（次）。

第四道渠，15日内可以将池塘注满$15\div3=5$（次）。

第五道渠，15日内可以将池塘注满$15\div5=3$（次）。

$$45+15+6+5+3=74\text{（次）}$$

也就是说，如果将五道渠全部打开，15日可以将池塘注满74次，将池塘注满1次，所需要的时间为$\frac{15}{74}$日。

（2）归一算法

注满空水池所需要的水量记为1。

按题意，第一道渠，$\frac{1}{3}$日一满，即1日注入池塘的水量为3。

第二道渠，1日一满，即1日注入池塘的水量为1。

第三道渠，$\frac{5}{2}$日一满，即1日注入池塘的水量为$\frac{2}{5}$。

第四道渠，3日一满，即1日注入池塘的水量为$\frac{1}{3}$。

第五道渠，5日一满，即1日注入池塘的水量为$\frac{1}{5}$。

$$3+1+\frac{2}{5}+\frac{1}{3}+\frac{1}{5}=\frac{74}{15}$$

也就是说，如果将五道渠全部打开，1日注入池塘的水量为$\frac{74}{15}$。这样，注满池塘1次，所需的时间为$1\div\frac{74}{15}=\frac{15}{74}$（日）。

**例题15.2** 已知1个工人1日能矫直箭杆60支，或者装箭羽20支，或者装箭头10支，现在要求这三道工序都由一个工人合理分配时间独立完成，请问：一个工人一日能生产出多少支箭？（改编自《九章算术》均输章之二十三）

**解答**

按题意，生产出完整的1支箭，需要三道工序，如果想达到最大的生产能力，需要各道工序的相互配合。

60、20、10的最小公倍数为60，假设1日生产出60支箭，需要多少人呢？按题意，需要1个人矫直箭杆，需要3个人装箭羽，需要6个人装箭头。

$1+3+6=10$，一天生产出60支箭需要10个人。

结论：只要合理分配时间，1个人一日可以生产出6支箭。

**例题15.3** 一件工作，甲、乙合作需要4小时完工，乙、丙合作需要5小时完工。现在先请甲、丙合作2小时后，余下的工作让乙独立做，还需要5小时完工。请问：如果请甲、丙合作，共需要多少小时能完成这件工作？

**解答**

记这件工作从开始到完工的工作量为1。假设甲单独做1小时完成的工作量为$a$，乙单独做1小时完成的工作量为$b$，丙单独做1小时完成的工作量为$c$。只要求出$a+c$，即得到问题的答案。

按题意，甲和乙合作需要4小时完工，则有 $a+b=\frac{1}{4}$ （1）

同理 $b+c=\dfrac{1}{5}$ （2）

以及 $2(a+c)+5b=1$ （3）

由（1）和（2） $(a+c)+2b=\dfrac{9}{20}$ （4）

由（3）-（4），得 $b=\dfrac{1}{10}$ $a+c=\dfrac{1}{4}$

结论：甲和丙合作，共需要4个小时完成工作。

**例题15.4** 水池连接了进水阀甲、乙，以及排水阀丙。单独打开进水阀甲，20分钟可将水注满；单独打开进水阀乙，30分钟可将水注满。有一天，水池完全没有水的时候，同时打开进水阀甲和乙，花费了16分钟才将水池注满，经排查，发现排水阀丙被误开了8分钟。水池满的时候，单独打开排水阀，请问：多少分钟能将水池的水排光？

**解答**

记注满水池所需要的水量为1。按题意，打开进水阀甲1分钟注入的水量为$\dfrac{1}{20}$，进水阀乙1分钟注入的水量为$\dfrac{1}{30}$，同时打开甲和乙，1分钟注入的水量为$\dfrac{1}{20}+\dfrac{1}{30}=\dfrac{1}{12}$。

甲和乙同时打开8分钟注入的水量为$\dfrac{1}{12}\times 8=\dfrac{2}{3}$，另外的8分钟注入的水量仅为$\dfrac{1}{3}$，说明排水阀8分钟的排水量也为$\dfrac{1}{3}$，这样，排水阀每分钟的排水量为$\dfrac{1}{24}$。

水池满的情况下，单独打开排水阀，24分钟能够将水排完。

## 习题十五

**第1题** 水池有甲乙两个进水管，注满水池分别需要5小时和3小时，同时打开进水管甲和乙1小时后，再关掉乙，请问：还需要多少时间能将水池注满？

**第2题** 一个班级组织植树节栽种一批树苗。如果单独让男生植树，需要5小时；男女生一起植树，需要2小时。假设单独让女生植树，需要多少时间？

**第3题** 师徒俩加工相同规格、同样数量的零件。当师傅完成$\frac{1}{2}$的时候，徒弟完成了120件；当师傅全部完工的时候，徒弟只完成了$\frac{4}{5}$。请问：师徒俩加工的这批零件一共有多少个？

**第4题** 一项工程，单独做甲要20天，乙要30天。甲乙合作，期间甲乙各休息了若干天，结果17天才完成任务。已知甲休息了3天，请问乙休息了几天？

**第5题** 一个水池有甲、乙两根进水管和一根排水管。单独打开甲，注满空水池需要50分钟；单独打开乙，注满空水池需要100分钟；打开排水管，将满池的水排干需要30分钟。某一次，欲将空的水池注满水，打开甲30分钟后，发现排水管被人误开了，关闭排水管的同时打开乙，又经过了30分钟的时间，水池恰好注满。请问：排水管被误开了多少分钟？

**第6题** 制砖师傅一日可以制成300块砖，他的儿子一天能制成200块砖，他的女婿一日可以制成250块砖。现在需要制1500块砖，如果让制砖师傅及其儿子女婿齐上阵，请问：需要多少时间？

**第7题** 某人1日制成俯瓦38片，或者制成仰瓦76片。现在要求他在一天内既制作俯瓦又制作仰瓦，并且俯瓦和仰瓦的数量一样多，请问：他一天能制成多少瓦？

**第8题** 某人雇佣甲乙丙丁四个木匠造屋。甲说："如果我一个人造，需要1年时间。"乙说："我一个人造，需要2年。"丙说："我一个人造，需要3年。"丁说："我一个人造，非6年不可。"四个木匠现在合作，请问：需要多少时间？

# 16 凫雁相遇

# 相遇问题和追及问题

行程问题是反映物体匀速运动的应用题，属于合作问题的特殊类型，主要研究物体运动速度、时间和路程三者之间的关系。

基本数量关系式为：

路程=速度×时间

路程÷时间=速度

路程÷速度=时间

这里，重点研究两个物体的运动。根据两个物体运动的方向，可分为：相遇问题（相向运动）、追及问题（同向运动）等。

两个物体在同一直线（或环形路线）上，同时或不同时由两地（或一地）出发相向而行，在途中相遇，此类行程问题被称为相遇问题。

两个物体在同一直线（或环形路线）上，同时或不同时由两地（或一地）出发同向而行，由于存在速度差，一物追及另一物，此类行程问题被称为追及问题。

**例题16.1** 今有凫（fú）起南海，七日至北海；雁起北海，九日至南海。今凫、雁俱起，问何日相逢？（选自《九章算术》均输章之二十）

### 解答

题目中说，有一只野鸭（凫）从南海出发飞向北海，7天可以到达；大雁从北海出发飞向南海，9天可以到达。现在野鸭和大雁分别从南海及北海同时出发，问何时能够相逢?

这是两只极其聪明的鸟儿，非常听话并且执行力强，飞行的线路精确，否则，从天南海北飞来，想在空中飞行时“他乡遇故知”，很难！中国古代的数学家都具有非凡的想象能力，充满了乐趣。

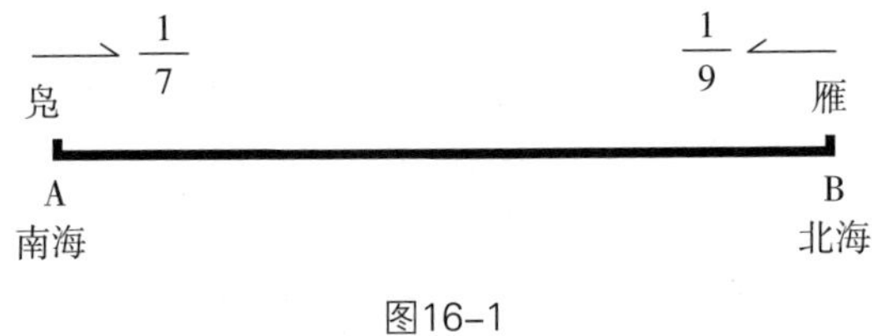


图16–1

如图16–1所示，记南海A到北海B的总路程为1，按题意，野鸭7日飞完全程，则它每日飞行的路程为$\frac{1}{7}$；同理，大雁每日飞行的路程为$\frac{1}{9}$。

$$\frac{1}{7}+\frac{1}{9}=\frac{16}{63} \qquad 1\div\frac{16}{63}=3\frac{15}{16}$$

结论：凫、雁飞行一日的路程和为$\frac{16}{63}$，它们经过$3\frac{15}{16}$日相遇。

**例题16.2** 今有甲发长安，五日至齐；乙发齐，七日至长安；今乙发已先二日，甲乃发长安。问何日相逢?（选自《九章算术》均输章之二十一）

### 解答

如图16–2所示，有甲从长安出发，5日能到达齐都（齐国国都）；乙从

齐都出发，7日能到达长安。现在乙从齐都出发，过了2天，甲才从长安出发。他们走的路线相同，问几日后会在途中相遇？

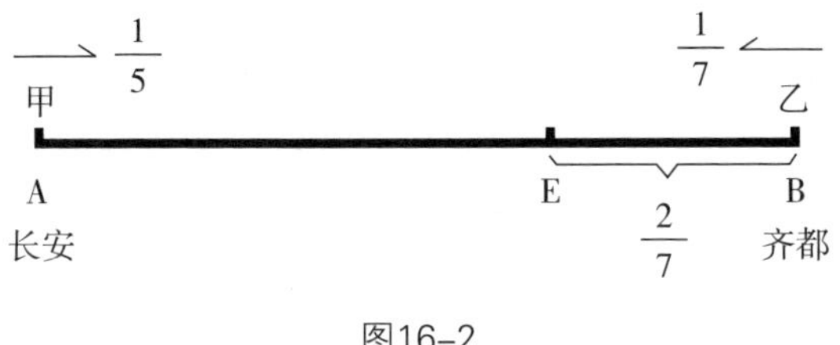


图16-2

记长安A和齐都B之间的总路程为1。按题意，甲每日行进的速度为$\frac{1}{5}$，乙每日行进的速度为$\frac{1}{7}$。乙从齐都B先出发了2日，他走过的路程EB为$\frac{1}{7}\times 2=\frac{2}{7}$，还剩下的路程AE为$\frac{5}{7}$。这样，问题转化为甲从A、乙从E地同时出发，问多少天后相遇。

$$\frac{5}{7}\div(\frac{1}{5}+\frac{1}{7})=2\frac{1}{12}$$

结论：甲和乙$2\frac{1}{12}$日后会在途中相遇。

**例题16.3** 今有善行者行一百步，不善行者行六十步。今不善行者先行一百步，善行者追之。问几步及之？（选自《九章算术》均输章之十二）

## 解答

善行者，即跑得快的人；不善行者，即跑得慢的人。跑得慢的人先走，然后跑得快的人在后面追，这属于同一线路上的追及问题。

这道题中，步是距离的单位，在相同的时间内，善行者走100步，不善行者只能走60步。

用单假设法解题。如图16-3所示，假设善行者在A点，不善行者在B点，而A、B之间相距40步，这两个人分别在A和B同时向C点行进，A和C之间的距离是100步，B和C之间就是60步。当善行者到达C时，不善行者恰好也到达C，追及成功。

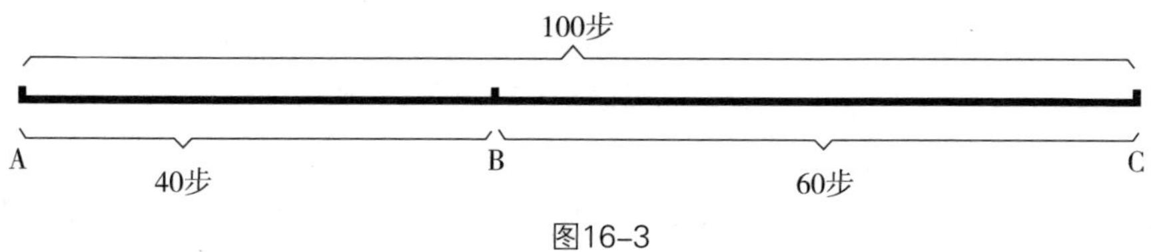


图16-3

根据已知条件，不善行者先出发了100步，40步只有100步的$\frac{2}{5}$，相应地，只需要将100步扩大$\frac{5}{2}$倍即可。

结论：善行者走250步才能追到不善行者。

**例题16.4** 假设兔子先跑出去100步，狗才开始追，狗跑出去了250步的时候，仍然距兔子30步。请问：狗还要跑多少步才能追上兔子？（改编自《九章算术》均输章之十四）

**解答**

如图16-4所示，A、B之间为100步，兔子在B点时，狗在A点开始追，狗追了250步时到达C点，这时，兔子在D点，狗与兔子仍然相距30步。B和D之间的距离是250＋30－100＝180（步）。

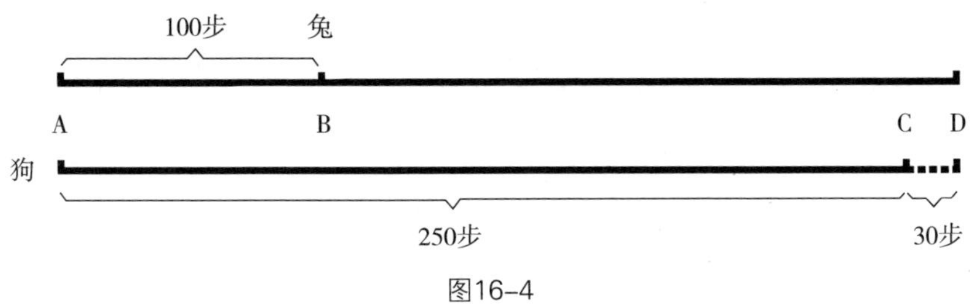

图16-4

这样，狗跑250步时，兔子跑180步。

应用单假设法，当兔子先跑250-180=70（步）的时候，狗需要跑250步才能追上兔子。

现在狗和兔子相距30步，70步比30步扩大了$\frac{7}{3}$倍，只要将250步缩小$\frac{3}{7}$即可。

结论：狗追上兔子还需要$250\times\frac{3}{7}=107\frac{1}{7}$（步）。

**例题16.5** 客人的马日行300里，客人离开时忘记拿衣服，8小时后主人才发觉。主人拿着客人的衣服去追赶，追上后把衣服交给客人，然后立即回家，到家时发现用掉了10个小时。请问：主人的马日行多少里？（改编自《九章算术》均输章之十六）

## 解答

客人的马日行300里，则8小时行了100里。主人从家中出发，将衣服送还给客人后即返，往返所用的时间应该是相同的，也就是说，主人用了10÷2=5（小时）追上了客人。

如图16-5所示，客人的马5小时行走了$\frac{125}{2}$里，这样，主人的马5小时

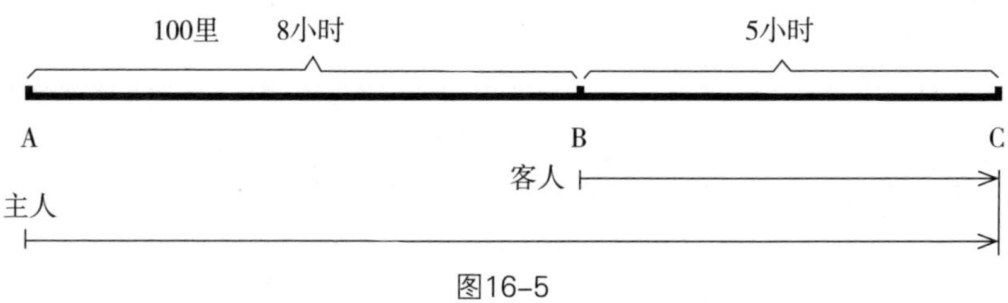


图16–5

行走了$100+\frac{125}{2}=\frac{325}{2}$（里）。那么，主人的马1小时行$\frac{325}{2}\div 5=\frac{65}{2}$（里）。

结论：主人的马日行$\frac{65}{2}\times 24=780$（里）。

这真是一匹千里马呀！

## 习题十六

**第1题** 两个城市距离600千米，一辆货车和一辆客车同时从两个城市出发，相向而行。客车的速度为每小时90千米，货车的速度是每小时60千米。请问：两车经过多少小时后相遇？

**第2题** 甲乙二人从A、B两地同时相向而行。已知A、B之间相距40千米，甲每小时走5千米，乙每小时走3千米，相遇后，他们又向前走了2小时。请问：甲和乙各自走了多少千米？

**第3题** 甲乙二车从A、B两地同时相向而行。已知甲车的速度是乙车的$\frac{5}{6}$，甲车和乙车相遇的地点距离A、B之间中点并偏向甲2千米。求A、B之间的距离。

**第4题** 良马日行240里，劣马日行150里，劣马先行12天，问良马需要多少天能追上劣马？（改编自元代朱世杰《算学启蒙》）

**第5题** 甲比乙先出发10里，乙开始追甲。乙走了100里时，超过甲20里。请问：乙走了多少里时追上了甲？（改编自《九章算术》均输章之十三）

**第6题** 甲、乙二人相距14千米，他们在一条公路上同时出发，同向而行。甲在前面走，他步行每小时5千米；乙在后面追，他骑自行车每小时12千米。请问：多少小时后，乙追上甲？

**第7题**　甲、乙二人围绕一条长400米的环形跑道练习长跑。甲每分钟跑350米，乙每分钟跑250米。二人从起跑线同时出发，经过多长时间甲能再次遇到乙？

**第8题**　蒲草第一日长高3尺，此后每日长高的长度是前一日的半数；莞草第一日长高1尺，此后每日是前一日的2倍。已知蒲草和莞草同一日开始生长，并且每日中生长均匀。请问：何时二草生长的高度相同？（改编自《九章算术》盈不足章）

# 17 火车过桥

# 特殊的行程问题

1803年，英国矿山技师特拉维西克制造出世界上第一台蒸汽机车，它采用一台单一汽缸蒸汽机，能牵引5个车厢。因为这台机车使用煤炭或木柴做燃料，所以人们都叫它“火车”，一直沿用至今。

火车过桥问题属于行程问题的特殊类型，大体上可以分为三类：火车过桥或隧道，火车和行人、汽车等物体相遇，火车和火车相遇或追及等。火车过桥问题除了考虑路程、速度与时间之间的数量关系以外，还要考虑火车的车身长度、桥或隧道的长度等因素，更具趣味性。

解决火车过桥问题的关键在于正确计算火车的速度和行程。

**例题17.1**

（1）一列火车长为120米，每秒钟行进40米。全车通过长800米的大桥，需要多少时间？

（2）一列火车以每秒20米的速度进入长度为400米的隧道，穿过整个隧道共用了26秒，请问：这列火车的长度是多少？

**解答**

如图17-1所示，火车通过大桥（隧道）的过程，指的是从火车的车头

B进入桥梁（隧道）开始，穿过桥梁（隧道）CD段，最后火车车尾A离开桥梁（隧道）为止。

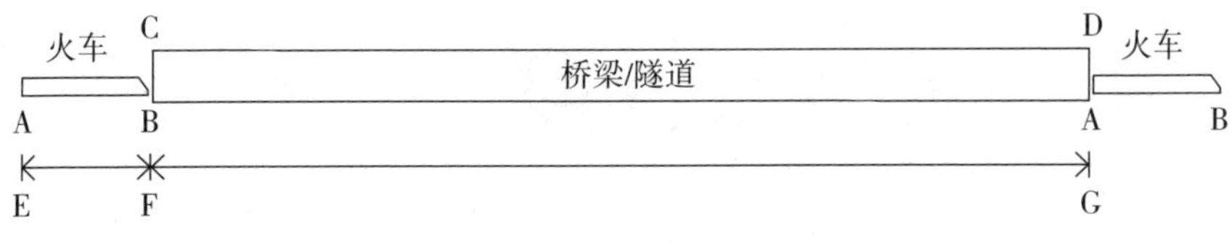


图17–1

（1）在火车过桥的过程中，火车行进的路程为“车身长度+桥梁长度”，即120+800=920（米）。

因此，火车过桥所需的时间为920÷40=23（秒）。

（2）火车车头进入隧道，到车头离开隧道时，行进的距离恰好是隧道的长度，所用的时间为400÷20=20（秒）。

如图17–2所示，车头B离开隧道，到车尾A离开隧道，火车行进的K、L之间的距离恰好是车身的长度AB，所用的时间为26−20=6（秒），这样，车身的长度为20×6=120（米）。

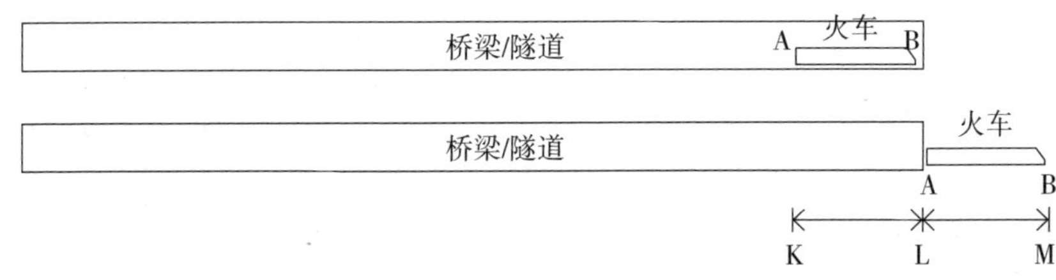


图17–2

## 例题17.2

（1）一列火车长140米，它以每秒25米的速度行驶，在铁路旁并行着的一条公路上，一辆汽车以每秒10米的速度迎面开来，请问：经过几秒钟

后，火车从汽车身边经过？

（2）聪聪沿着公路散步，一列运输粮食的车队从他的身边同向经过。已知聪聪步行的速度为每秒2米，车队的速度为每秒18米，车队的第一辆车追上来到最后一辆车离开，一共用了8秒，车队保持匀速。请问：这个车队的长度是多少？

## 解答

这道题考察的是相对运动的相关知识。一个物体相对于另一个物体运动，不妨看作其中的一个物体对另一个物体相对静止。一般的，相对运动时取速度和，相向运行时取速度差。

（1）做行程问题的应用题，最好的方法就是画图，在一张图中，将已知条件尽可能地列出来。

如图17–3所示，汽车和火车相向而行，火车的速度为每秒25米，汽车的速度为每秒10米。汽车相对于火车的运行速度为25＋10＝35（米/秒）。

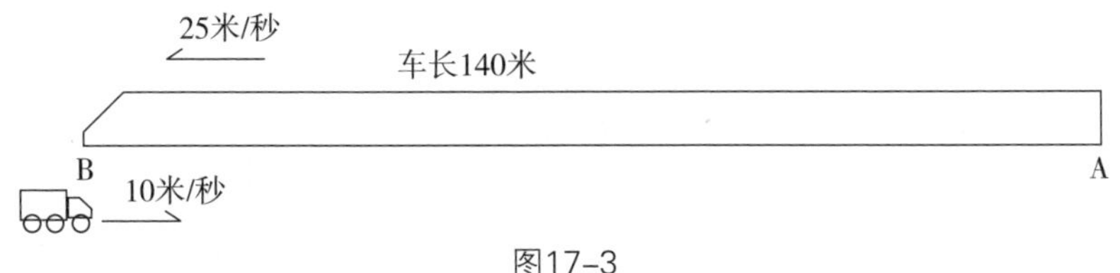


图17–3

这样，问题就转化成速度为35米/秒的汽车经过车长为140米的静止火车所需的时间。汽车的路程为140米，速度为35米/秒，所需要的时间为140 ÷ 35＝4（秒）。

如图17–4所示，路程CD表示火车车身的长度，问题还可以转化为C、D两点之间的相遇问题。汽车从C点出发，以10米/秒行驶，火车车尾从D

点出发，以25米/秒行驶，问多少时间后它们相遇？



图17-4

显然，它们相遇所需要的时间为$140\div(25+10)=4$（秒）。

（2）把长长的车队看作是一列火车，车队的第一辆车相当于车头，最后一辆车相当于火车的车尾。

如图17-5所示，汽车车队和聪聪同向运动，从第一辆汽车经过聪聪身边，到最后一辆车离开聪聪，整个过程可以认为车队相对于聪聪静止，聪聪相对于车队做运动，速度为$18-2=16$（米/秒）。

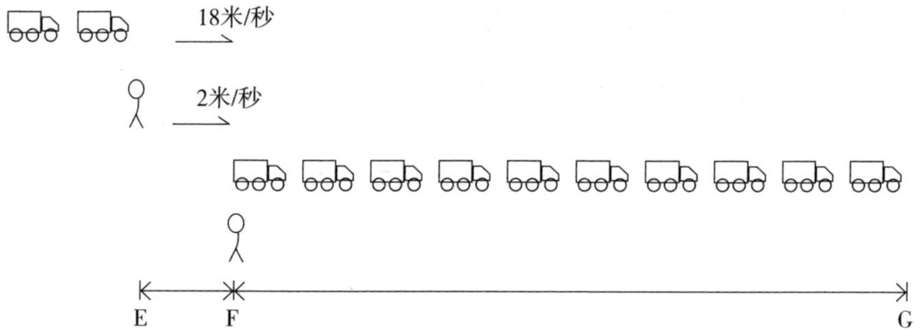

图17-5

这样，车队的长度$16\times8=128$（米）。

车队的第一辆车经过聪聪身边到最后一辆车离开聪聪，车队运动的路程为E到G，聪聪步行的路程为EF段，FG段恰好是车身的长度。

EG段的距离为$18\times8=144$（米），EF段的距离为$2\times8=16$（米）。

因此，车队的长度为$144-16=128$（米）。

**例题17.3** 甲火车车长150米，每秒行驶30米，乙火车车长200米，每秒行驶20米。

（1）假设甲乙两车沿双轨线路相向而行，它们从车头相遇到车尾离开，需要多少秒?

（2）假设两车沿双轨线路同向行驶，乙车在前，甲车在后，甲车车头追上乙车车尾，到甲车完全离开乙车，所需要的时间是多少?

## 解答

（1）如图17–6所示，上半部分是甲、乙两火车相向运动车头相遇的情形，下半部分是甲、乙两火车车尾相分离的情形。

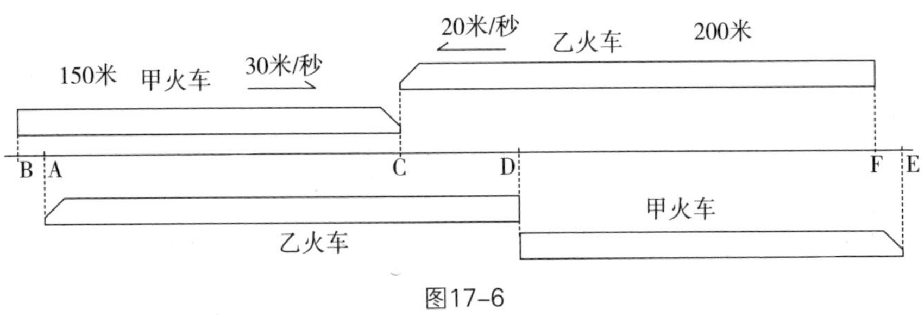


图17–6

这样，只要盯住两车车头相遇后两车车尾之间的距离变化，即可求得问题的答案。相当于如下的等价问题：甲车速度为30米/秒，乙车的速度为20米/秒，相向运动。甲、乙二车分别从B、F点同时出发，问何时相遇?

B、F之间的距离为两车的车长之和，即150+200=350（米）。所需要的时间为350÷（20+30）=7（秒）。

另一种解法就是应用相对运动的方法，如图17–7所示，假设乙火车对于甲火车相对静止，甲火车的速度为两火车的速度和，即20+30=50（米/秒）。

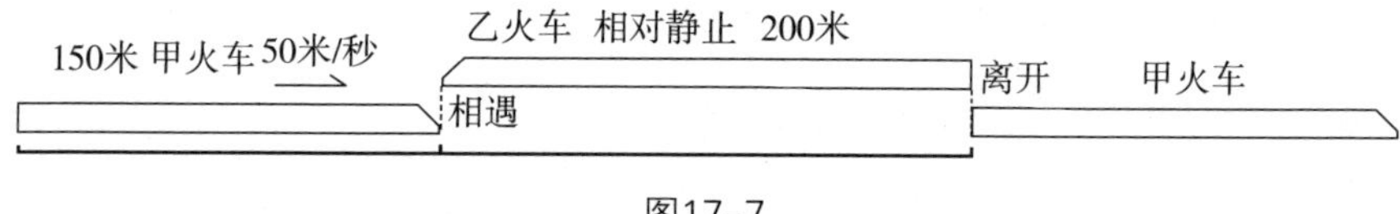


图17-7

相遇时甲火车车头经过乙火车车头，离开时甲火车车尾经过乙火车车尾。甲火车的行驶路程为甲、乙火车车长之和，即150+200=350（米）。

这样，所用的时间为350÷50=7（秒）。

（2）应用相对运动的观点解题。如图17-8所示，假设乙火车相对于甲火车静止，这样，甲火车对乙火车的相对速度为30-20=10（米/秒）。

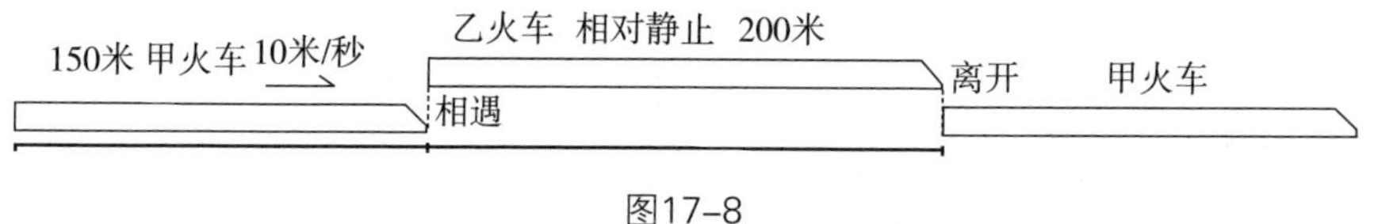


图17-8

开始时甲火车车头与乙火车车尾相遇，结束时甲火车车尾与乙火车车头离开。甲火车的行驶路程为甲、乙二火车的车长之和，即150+200=350（米）。

所需要的时间为350÷10=35（秒）。

**例题17.4** 铁路旁的一条平行小路上，有一行人与一骑车人同时向南行进。行人速度为1米/秒，骑车人速度为3米/秒。这时有一列火车从他们背后开过来，火车通过行人用22秒，通过骑车人用26秒。这列火车的车身总长是多少米？

## 解答

已知条件是行人的速度和骑车人的速度，火车分别通过行人和骑车人的时间。而火车的速度及火车的车长是未知的。

假设行人相对于火车静止，火车通过行人的时间就是车身总长与火车对行人的相对速度的比率。

假设：火车的车身总长为$L$，速度为$v$，行人的速度为$v_1$，则火车对于行人的相对速度为$v-v_1$，火车通过行人的时间就是$L\div(v-v_1)$，按题意，有

$$L\div(v-v_1)=22 \tag{1}$$

同样的道理，再假设骑车人的速度为$v_2$，火车通过骑车人的时间就是$L\div(v-v_2)$，按题意，有

$$L\div(v-v_2)=26 \tag{2}$$

根据（1），有 $$v-v_1=\frac{L}{22} \tag{3}$$

根据（2），有 $$v-v_2=\frac{L}{26} \tag{4}$$

再根据（3）和（4），有$v_2-v_1=L(\frac{1}{22}-\frac{1}{26})$

整理得 $$L=143(v_2-v_1) \tag{5}$$

结论：行人的速度为1米/秒，骑车人的速度为3米/秒，则火车的车身长度为$143\times(3-1)=286$米。

## 习题十七

**第1题**　一列火车长200米，以每秒40米的速度通过一座长800米的大桥，从车头上桥到车尾离开需要多少时间？

**第2题**　一条隧道全长1200米，一列火车通过隧道需花费60秒；火车通过铁路旁边电线杆，只花费15秒，那么火车全长是多少米？

**第3题**　一个车队以4米/秒的速度匀速通过一座长200米的大桥，共用了115秒，已知每辆汽车车长5米，平均间隔10米。请问：这个车队一共有多少辆车？

**第4题** 已知快车长210米，每秒行30米，慢车长270米，每秒行22米。两车在双轨铁路上同向而行，从快车车头靠近慢车车尾，到快车车尾离开慢车车头这个过程称为快车超过慢车。请问快车超过慢车需要的时间是多少分钟？

**第5题** 马路上有一辆车身长为12米的公共汽车，由东向西行驶，车速为每小时18千米，马路一旁的人行道上有甲、乙两名年轻人正在跑步锻炼，甲由东向西跑，乙由西向东跑。某一时刻，汽车追上甲，4秒钟后汽车离开了甲。半分钟之后，汽车遇到迎面跑来的乙，经过2秒钟，汽车离开了乙。问再过多少秒后，甲、乙两人相遇？

**第6题** 两列火车在双轨铁路上同向行驶，客车每秒行驶18米，货车比客车每秒少走8米。如果两列火车车头对齐，经过12秒后，客车完全超过货车；如果这两列火车车尾对齐，经过9秒，客车完全超过货车。请问：客车和货车的车身长度分别是多少？

**第7题** 某人沿着铁路边的便道步行，一列客车从身后开来，在行人身旁通过的时间是15秒钟，客车长105米，每小时速度为28.8千米。求行人每小时行走多少千米？

**第8题** 一条单线铁路上有A、B、C、D、E五个车站，它们之间的路程如图所示。两列火车同时从A、E两站相对开出，从A站开出的每小时行60千米，从E站开出的每小时行50千米。由于单线铁路上只有车站才铺有停车的轨道，要使对面开来的列车通过，必须在车站停车，才能让开行车轨道。因此，应安排哪个站相遇，才能使停车等候的时间最短？先到这一站的那一列火车至少需要停车多少分钟？

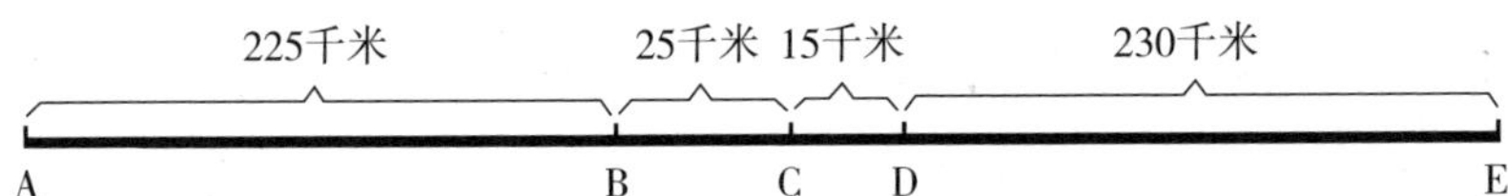

# 18 年龄问题

# 理顺数量的关系

著名的应用数学家诺伯特·维纳（1894—1964）是控制论的创始人。维纳从小智力超常，3岁能读能写，14岁大学毕业，几年后，他又通过了博士论文答辩，成为美国哈佛大学的科学博士。

在博士学位的授予仪式上，执行主席看到维纳一脸的稚气，颇为惊讶，就询问他的年龄。维纳的回答十分巧妙："我今年岁数的立方是个四位数，四次方是个六位数，这两个数，刚好把十个数字0，1，2，3，4，5，6，7，8，9全都用上了，不重不漏。这意味着全体数字都向我俯首称臣，预祝我将来在数学领域里干出一番惊天动地的大事业。"维纳此言一出，四座皆惊，大家都被深深地吸引住了。整个会场上的人，都在议论他的年龄问题。

**表18–1**

| 年龄（$n$） | 18 | 19 | 20 | 21 |
|---|---|---|---|---|
| $n^3$ | 5832 | 6859 | 8000 | 9261 |
| $n^4$ | 104976 | 130321 | 160000 | 194481 |

这个数的立方是四位数，可以确认维纳的年龄范围在10～21岁之间。维纳年龄的四次方是个六位数，这样，维纳的年龄是18，19，20，21四个数中的一个。用穷举法，如表18–1所示，维纳的年龄恰好是18岁。18的立方和四次方刚好把十个数字0，1，2，3，4，5，6，7，8，9全都用上了。这个年仅18岁的少年博士，后来果然成就了一番大事业。

年龄承载着人生的开始、成长和辉煌，年龄代表着懵懂、睿智和沉稳，年龄关系着欢乐、痛苦和感悟。

法国作家阿尔贝·雅卡尔的随笔小册子《献给非哲学家的小哲学》中有一篇文章引用了莫泊桑的一句话，“最微不足道的事物也包含着一点未知的部分”，年龄也当如此。雅卡尔说：“数学家给未知的年龄取了一个名字，并且还出于懒惰，使他有了一个很短、尽可能短的名字，用了单单的一个字母，例如$x$。”

**例题18.1**

（1）15年后，某男孩的年龄将是去年年龄的3倍，那么，他今年的年龄有多大？

（2）我和我父亲的年龄之和是我们俩年龄之差的2倍；5年前，我父亲的年龄是我年龄的4倍。请问：我和父亲今年的年龄分别是多大？（选自法国阿尔贝·雅卡尔《X（未知数）》）

**解答**

（1）假设男孩今年的年龄是$x$，于是有

$$x+15=3(x-1)$$

在等式两边减去$x$，再加上3，得出

$$x=9$$

因此，男孩今年的年龄是9岁。

（2）若用$x$表示我父亲的年龄，用$y$表示我的年龄，问题可以由一个方程组表达出来。

$$\begin{cases} x+y=2(x-y) \\ x-5=4(y-5) \end{cases}$$

从方程组的第一个方程中推出　$x=3y$

将其代入到第二个方程中　$3y-5=4y-20$

因此　$y=15$　$x=45$

结论：我的年龄为15岁，父亲的年龄为45岁。

**例题18.2**　小明问老师今年有多少岁，老师说："当我像你这么大时，你才3岁；当你像我这么大时，我已经是42岁了。"你知道老师今年多少岁吗？

**解答**

**（方法一）**

假设：小明的年龄是$x$岁，老师的年龄是$y$岁。按题意，有

$$\begin{cases} x-(y-x)=3 & (1) \\ y+(y-x)=42 & (2) \end{cases}$$

由式（1）+式（2），再由式（2）-式（1），整理后得到

$$\begin{cases} x+y=45 \\ y-x=13 \end{cases}$$

推导出　$x=16$，$y=29$

结论：小明的年龄是16岁，老师的年龄是29岁。

（方法二）

如图18–1所示，还可以根据这张图用算术的方法得到结果。

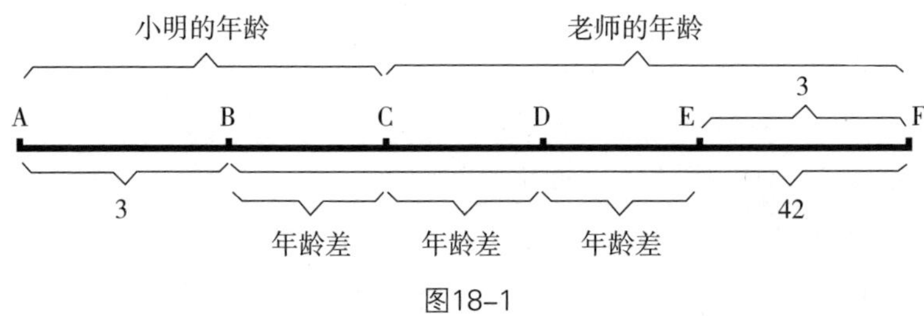


图18–1

年龄差是指老师的年龄减去小明的年龄。按题意，小明的年龄减去年龄差等于3，老师的年龄加上年龄差等于42，小明和老师的年龄之和为$3+42=45$（岁）。

这样，图18–1将是左右对称的结构，也就是说，$45-2\times3=39$（岁）是年龄差的3倍。这样，年龄差等于$39\div3=13$（岁）。

因此，小明的年龄为$3+13=16$（岁），老师的年龄为$3+2\times13=29$（岁）。

**例题18.3** 爷爷、爸爸、小明今年的年龄分别为65岁、35岁和11岁，再过多少年，爷爷的年龄等于小明和爸爸的年龄之和？

## 解答

年龄问题的重点，就是要理顺当事人之间年龄的数量关系，每个人的年龄都会等速度地增长，我增长1岁，别人也增长1岁，不会有人掉队的。

假设$x$年后，爷爷的年龄是小明和爸爸的年龄之和（如图18–2所示），则有方程：$65+x=(35+x)+(11+x)$

解方程有　$x=65-(35+11)=19$（年）。

也就是说，19年后，爷爷的年龄恰好是小明和爸爸的年龄之和。

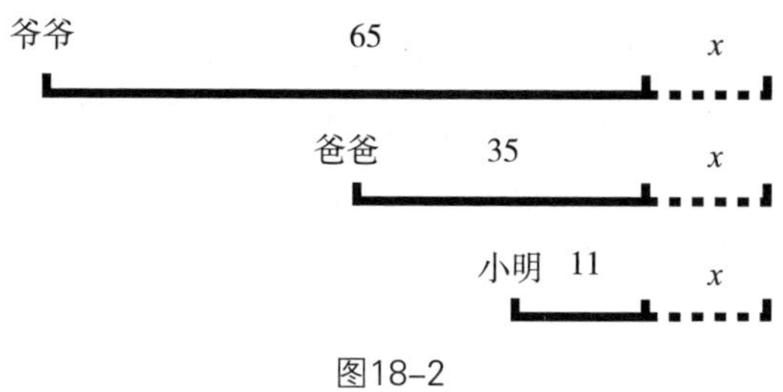

图18-2

**例题18.4** 今年爸爸的年龄为明明年龄的4倍，20年后爸爸的年龄为明明年龄的2倍。问：明明和爸爸今年各多少岁？

## 解答

二人年龄的差保持不变，它不随岁月的流逝而改变；二人的年龄随着岁月的变化，将增或减同一个自然数；二人年龄的倍数关系随着年龄的增长而发生变化，年龄增大，倍数变小。

如图18-3所示，实线部分线段AB表示明明今年的年龄，线段CD表示爸爸今年的年龄，虚线代表20年，线段AF代表明明20年后的年龄，线段CG代表爸爸20年后的年龄。按题意，线段CD的长度是线段AB的4倍，线段CG的长度是线段AF的两倍。

结论：今年小明的年龄是10岁，爸爸的年龄是40岁。

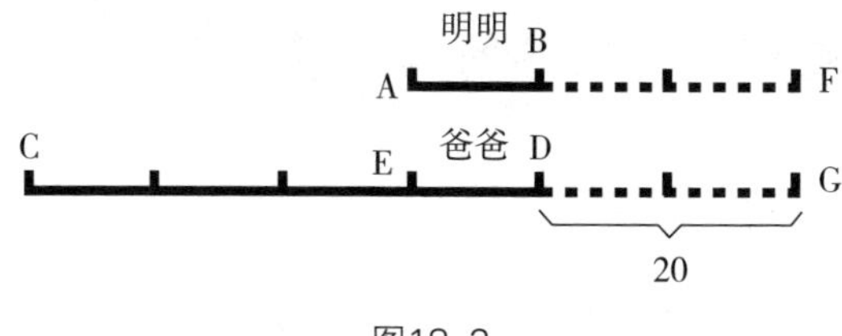

图18-3

## 习题十八

**第1题** 笨笨5岁的时候，他的爸爸35岁，再过多少年爸爸的年龄是笨笨的4倍？

**第2题** 甲对乙说："当我的岁数是你现在的岁数时，你才5岁。"乙对甲说："当我的岁数是你现在的岁数时，你将50岁。"那么，甲和乙现在分别多少岁？

**第3题** 兄弟二人的年龄之和的两倍是爸爸的年龄，兄弟二人的年龄差是爸爸年龄的八分之一，爸爸和兄弟二人的年龄之和是48岁，请问兄弟二人和爸爸的年龄各是多少岁？

**第4题** 小东和爸爸的年龄之和是50岁，5年后，爸爸的年龄是小东年龄的3倍，爸爸比小东大多少岁？

**第5题** 姐姐今年13岁，弟弟今年9岁，当姐弟俩岁数和是40岁时，姐姐多少岁?

**第6题** 爸爸、妈妈和欢欢组成了一个三口之家，今年，欢欢的爸爸比妈妈大4岁，全家年龄的和是72岁。10年前，这一家人年龄的和是44岁。请问：今年欢欢和爸爸、妈妈各多少岁?

**第7题** 2017年，爷爷66岁，睿睿12岁。请问：哪一年爷爷的年龄是睿睿年龄的10倍?

**第8题** 某人的年龄是一个两位数，其个位和十位的数字之和是12。在这个数的左边添上一个与个位数相同的数，得到第一个三位数；在这个数的右边添上一个与十位数相同的数，又得到第二个三位数。用第一个三位数减去第二个三位数的差是364。请问：这个人的年龄是多少?

# 19 巧画图形

## 托尔斯泰的割草问题

列夫·尼古拉耶维奇·托尔斯泰（1828—1910）是十九世纪中期俄罗斯的批判现实主义文学家、思想家和哲学家，他的代表作有《战争与和平》《安娜·卡列尼娜》《复活》等。托尔斯泰在数学方面的造诣也很高，曾将数学问题与自己的文学创作结合起来，在一篇名为《一个人需要很多土地吗？》的小说里，极其巧妙地运用数学知识，对主人公农夫帕霍姆的贪婪进行了深刻的讽刺。

下面这道著名的"割草问题"是托尔斯泰钟爱的一道数学问题。

割草队要对两块草地割草，大草地的面积是小草地的2倍。上午，所有人都在大草地上割草；下午，割草工人被平分为两部分：一半的人继续留在大草地上，另一半人转移到小块草地上。到了晚上，留下的人把大草地全割完了，而小草地上还剩下一些未割完。第二天，在这块剩下的草地上，留下一名割草工人恰好用了一整天全部完工。请问割草队共有多少名工人？

托尔斯泰提出了一个借助图形并且应用比例来解题的巧妙方法。如图19-1所示，割草队全部的人在大草坪上工作了一个上午，然后，半个队伍的人又工作了一个下午，将大草坪的草全部割完。由于上午人数是下午人数的两倍，相当于上午的工作量是下午的两倍。将大草坪的工作量假设

为1，分成三份，上午的工作量是两份，即$\frac{2}{3}$，下午的就是一份，即$\frac{1}{3}$。

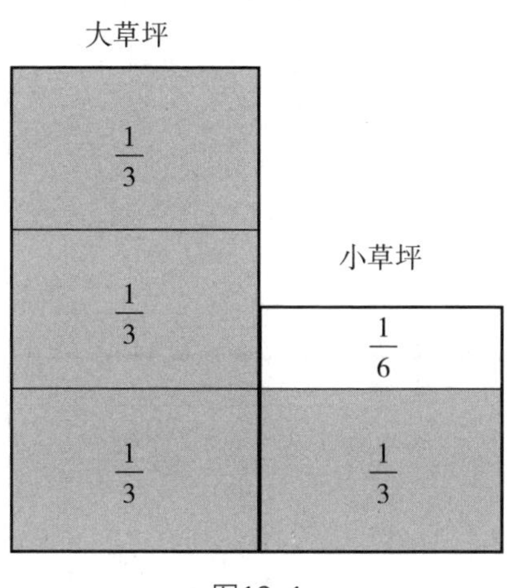

图19-1

同时，对于小草坪而言，一半割草队工人干了一个下午，说明完成的工作量与大草坪下午的工作量相同，也为$\frac{1}{3}$。

综合以上的分析，割草队工作了一天，全部的工作量为$1+\frac{1}{3}=\frac{4}{3}$。

大草坪的面积是小草坪的2倍，小草坪的全部工作量为$\frac{1}{2}$，因此，小草坪剩下的工作量为$\frac{1}{2}-\frac{1}{3}=\frac{1}{6}$。

按题意，小草坪剩下的部分由一个工人工作了一天，也就是说，一个人一天的工作量为$\frac{1}{6}$。这样，割草队的工人数量为$\frac{4}{3}\div\frac{1}{6}=8$（人）。

**例题19.1** 某公司三名销售人员2016年的销售业绩如下：甲的销售额是乙和丙销售额之和的1.5倍，甲和乙的销售额之和是丙的销售额的5倍。已知乙的销售额是63万元，请问：甲和丙的销售额分别是多少？

## 解答

理顺甲、乙、丙销售额之间的比例关系是解这道应用题的关键。

如图19-2所示，线段AB代表甲的销售额，BC代表乙的销售额，CD代表丙的销售额。

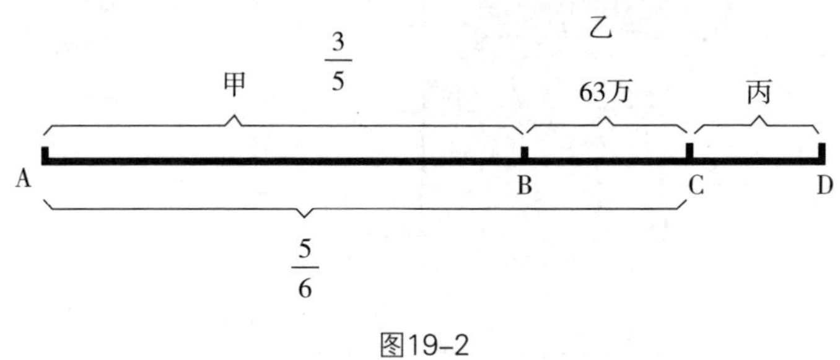


图19-2

甲、乙、丙三人的总销售额记作单位1，因为甲的销售额是乙和丙销售额之和的1.5倍，说明甲的销售额是总销售额的$\frac{3}{5}$。

甲、乙销售额之和是丙的5倍，因此，甲和乙的销售额之和就是总销售额的$\frac{5}{6}$。

综合以上分析，乙的销售额为总销售额的$\frac{5}{6}-\frac{3}{5}=\frac{7}{30}$，按题意，乙的销售额为63万元，因此，甲、乙、丙的总销售额为$63\div\frac{7}{30}=270$（万元）。

因此，甲的销售额为　$270\times\frac{3}{5}=162$（万元）。

丙的销售额为$270-162-63=45$（万元）。

**例题19.2**　园林绿化队要植一批树苗，第一天植了总数的八分之一，第二天植了130棵。第三天，又买来了16棵树苗。这时，清点发现未植的树苗数与已植的树苗数之比是3∶5。请问：园林队原来有多少棵树苗？

## 解答

假设园林队原来的树苗数为$a$。如图19-3所示，其中，线段AD表示园林队原来的树苗数，即$a$（棵）；线段AB表示第一天植的树苗数，即$\frac{1}{8}a$（棵）；BC表示第二天植的树苗数，即130棵；线段CD表示第三天没有买树苗前还剩下的树苗数，按题意，树苗还剩下$\frac{7}{8}a-130$（棵）。

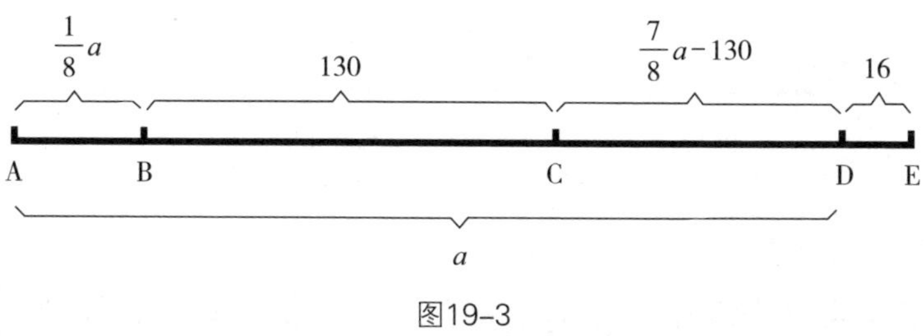


图19-3

线段DE代表第三天新买的树苗数。按题意，已经植下的树苗数量为线段AC，未植下的树苗数量为线段CE，有

$$\frac{\frac{7}{8}a-130+16}{\frac{1}{8}a+130}=\frac{3}{5}$$

整理后，得$a=240$（棵）

结论：园林队原来共有240棵树苗。

**例题19.3** 某公司的专车司机总是按约定的时间来到王总的家接他，每天早晨，王总都能按时到达办公室。某一天早晨，王总自己出门沿专车线路按120米/分钟的速度慢跑，30分钟后，恰好遇到专车，然后坐上车，60

分钟后到达办公室，比平常早了6分钟。如果专车每天的行驶速度都相同，请问：王总家距离办公室有多少千米？

## 解答

如图19–4所示，A点代表公司办公室，D点代表王总家，C点是王总慢跑后遇到专车的地点。

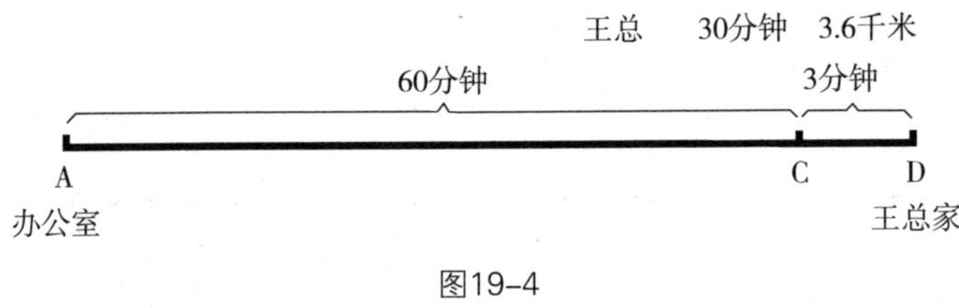


图19–4

专车司机每天都按时接王总上班，而这一天提前了6分钟到达办公室，原因在于专车在这一天没有走线段CD这一段，如果他在C点继续开往王总家，接到王总再返回到C，应该恰好用掉节省的6分钟。也就是说，汽车从C到D需要6 ÷ 2 = 3（分钟）。

同一段路程，王总慢跑需要30分钟，专车行驶需要3分钟，说明专车的速度是王总慢跑速度的10倍。王总跑步的速度为0.12千米/分钟。

也就是说，专车的速度为0.12 × 10 = 1.2（千米/分钟）。

办公室和王总家之间的距离为(60 + 3) × 1.2 = 75.6（千米）。

**例题19.4** 上学期，四年级3班的男、女生人数的比例为3∶2。新学期，从他校转学来了4名女生，男、女生的比例变成了6∶5。请问：现在的四年级3班男生和女生各有多少名？

## 解答

如图19-5所示，假设四年级3班男生的人数为单位1，按题意，上学期时，该班女生的人数为$\frac{2}{3}$；本学期来了4名女生后，女生的人数为$\frac{5}{6}$。

这样，女生增加的4名同学相当于$\frac{5}{6}-\frac{2}{3}=\frac{1}{6}$。

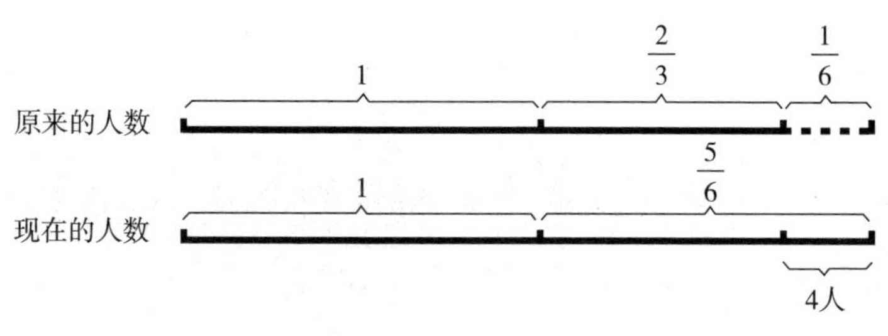


图19-5

也就是说，该班中男生的人数为$4\div\frac{1}{6}=24$（名）；女生上学期有$24\times\frac{2}{3}=16$（名），这个学期增加到20名。

## 习题十九

**第1题** 一个阳光明媚的早晨，测量小丽的影子长为240厘米，同时测量了一棵树的影子长度为360厘米。已知小丽的身高为150厘米，请问这棵树的高度是多少？

**第2题**　一个袋子里放着若干个各种颜色的小球，其中红球占四分之一，后来又往袋子里放了10个红球，这时红球占总数的三分之一，请问原来袋子里有多少个小球?

**第3题**　星期一早晨，哥哥和弟弟都要到同一所小学读书。弟弟先走5分钟，哥哥出发25分钟后追上了弟弟。如果哥哥每分钟多走5米，出发20分钟后就可以追上弟弟。问：弟弟每分钟走多少米?

**第4题**　小王步行的速度是跑步速度的50%，跑步的速度是骑车速度的50%。如果他骑车从A地到B地，然后再步行从B地返回A地，一共需要2小时，请问小王跑步从A地去B地需要多少时间?

**第5题** 小王从家开车上班，汽车行驶10分钟后发生了故障，小王从后备箱中取出折叠自行车继续赶路。由于自行车的速度只有汽车速度的五分之三，小王比预计时间晚了20分钟到达单位。如果之前汽车再多行6千米，他就能只比预计时间晚10分钟。请问从小王家到单位的距离是多少千米?

**第6题** 一项总长度为112千米的公路的修建工程被分成两个部分，分别承包给甲、乙两个工程队建设。两个工程队同时开工，建设了一段时间后，甲剩下40%、乙剩下60%的任务没有完成，已知甲工程队的建设速度是乙工程队的两倍。请问：这两个工程队各自承包的公路长度是多少?

**第7题** A、B、C三个水桶的总容积是1440升，A、B两桶装满了水，C桶是空的。若将A桶水的全部和B桶水的$\frac{1}{5}$，或将B桶水的全部和A桶水的$\frac{1}{3}$倒入C桶，C桶都恰好装满。求A、B、C三个水桶的容积各是多少升?

**第8题** A、B、C三项工程的工作量之比为1∶2∶3，分别由甲、乙、丙三队承担。三个工程队同时开工，若干天后，甲完成的工作量是乙未完成工作量的二分之一，乙完成的工作量是丙未完成工作量的三分之一，丙完成的工作量等于甲未完成的工作量，那么，甲、乙、丙三队工作效率的比是多少？

# 20 牛顿的牧场

# 建立合理的数学模型

艾萨克·牛顿（1643—1727）是历史上最伟大的物理学家之一。他提出的万有引力定律以及牛顿三大运动定律是经典物理理论的基石。

为了解决运动问题，牛顿将自古以来求解无限小问题的各种技巧统一为微分和积分的算法，并确立了微分和积分的互逆关系。由此，牛顿和德国数学家莱布尼茨各自独立发明了微积分，为近代科学研究提供了有效的数学工具，开辟了人类文明的新时代。

1707年，牛顿的代数讲义经整理后出版。在这本名为《普通算术》的著作中，牛顿写道："在科学的学习中，题目比规则要有用多了。"在介绍代数基本概念及运算规则的同时，这本书用大量的实例说明了如何将各类实际问题转化为数学语言，同时，书中对如何列方程、方程的根及其性质进行了深入探讨。

**例题20.1** 牧场上的草长得很均匀，每个地方都一样密，长得一样快。如果有70头奶牛在这片草地上吃草，24天就会将草吃光；如果只有30头奶牛，则60天将草吃光。现在的问题是，如果想96天吃光草地上的草，牧场上应该养多少头奶牛？（选自俄罗斯契诃夫《家庭教师》）

## 解答

这道应用题是“牛顿的牧场”问题的简化版，重点在于建立合理的数学模型。

牧场上草在不断地生长，新生长草的数量与时间成正比；另一方面，每头牛每一天吃草的数量是相同的。为了解决问题，需要引入一个辅助量，即牧场每天新长出来的草的数量。

记这个牧场原有的草量为单位1，假设牧场1天长出的草量为$a$。

那么，24天牧场上草的总数量为$1+24a$，60天牧场上草的总数量为$1+60a$。

根据题意，70头奶牛在24天内吃光牧场上的草，则70头奶牛每天吃草的数量为$\frac{1+24a}{24}$，每头牛每天吃草的数量为$\frac{1+24a}{24\times 70}$。

30头牛在60天吃光牧场上的草，同理，可以计算出每头牛每天吃草的数量为$\frac{1+60a}{60\times 30}$。

每头牛每天吃的草量是相同的，可以列方程：$\frac{1+24a}{24\times 70}=\frac{1+60a}{60\times 30}$

解方程得　$a=\frac{1}{480}$

将$a=\frac{1}{480}$代入$\frac{1+24a}{24\times 70}$中，可以计算出每头牛每天吃草的数量为$\frac{1}{1600}$。由此可以计算出96天牧场上草的总数量为$1+96\times\frac{1}{480}=\frac{6}{5}$。这样，要想96天吃光这片草地上的草，牧场上需要有奶牛的数量为$\frac{6}{5}\div 96\div\frac{1}{1600}=20$（头）。

**例题20.2** 有三个牧场，处处的草都长得一样密、一样快。第一块牧场的面积为1亩，饲养了12头牛，4个星期牧场上的草被吃光；第二块牧场的面积为3亩，饲养了21头牛，9个星期牧场上的草被吃光。第三块牧场的面积为7亩，已知这里的草18个星期被牛吃光，请问：第三块牧场上饲养了多少头牛？（改编自牛顿的《普通算术》）

**解答**

牧场上的草在不断地生长，新生长的草量与时间成正比，同时也和牧场的面积成正比。

记1亩牧场原有的草量为单位1，并引入辅助量，假设1个星期新长出的草量为$a$。

第一块牧场，面积为1亩，则4个星期的草量为$1+4a$，根据已知条件，12头牛4个星期将牧场上的草吃光，可以计算出每头牛每星期吃草的数量为$\frac{1+4a}{12\times4}$。

第二块牧场，面积为3亩，则9个星期的草量为$3(1+9a)$，按题意，可以计算出每头牛每星期吃草的数量为$\frac{3(1+9a)}{21\times9}$。

综合以上所述，根据每头牛每星期吃草的数量是相同的，列方程：

$$\frac{1+4a}{12\times4}=\frac{3(1+9a)}{21\times9}$$

整理后得

$$\frac{1+4a}{16}=\frac{1+9a}{21}$$

解方程，得　$a=\frac{1}{12}$

这样，将$a=\frac{1}{12}$代入$\frac{1+4a}{12\times4}$中，得到每头牛每星期吃草的数量为$\frac{1}{36}$。

第三块牧场，面积为7亩，则18个星期的草量为$7(1+18a)=\frac{35}{2}$，这样，这块牧场上牛的数量为$\frac{35}{2}\div18\div\frac{1}{36}=35$（头）。

**例题20.3**　自动扶梯以均匀的速度自下往上行驶，心急的浩浩和保罗在自动扶梯上以均匀的速度走着上楼，结果浩浩用5分钟到达楼上，保罗用了6分钟到达楼上。已知浩浩每分钟走20级台阶，保罗每分钟走15级台阶，请问：该扶梯共有多少级台阶？

**解答**

假设扶梯每分钟往上滚动$a$级台阶。

浩浩每分钟走20级台阶，5分钟后，浩浩沿扶梯往上走的台阶总数为5（$20+a$）；保罗每分钟走15级台阶，6分钟后，保罗沿扶梯往上走的台阶总数为6（$15+a$）。

从楼下到楼上，台阶总数是相同的，因此，有

$$5(20+a)=6(15+a)$$

解方程，有　$a=10$

将$a=10$代入算式　$5(20+a)$中，得　$5(20+10)=150$（级）。

结论：该扶梯一共有150级台阶。

**例题20.4** 有一个水池，池底有泉水不断均匀地涌出。用10部抽水机20小时可以把水抽干；用15部相同的抽水机10小时可以把水抽干。那么，用25部这样的抽水机多少小时可以把水抽干？

## 解答

记水池原有的水量为单位1，假设1小时新涌出的水量为$a$。

这样，20个小时水池里的总水量为$1+20a$，10部抽水机20个小时可以把水池抽干，就是说每部抽水机每小时抽出去的水量为$\frac{1+20a}{10\times20}$。

同理，10个小时水池里的总水量为$1+10a$，15部抽水机10个小时可以将水池抽干，就是说每部抽水机每小时抽出去的水量为$\frac{1+10a}{15\times10}$。

每部抽水机每小时抽出去的水量相同，可以列方程

$$\frac{1+20a}{10\times20}=\frac{1+10a}{15\times10}$$

解方程得 $a=\frac{1}{20}$

将上述结果代入$\frac{1+20a}{10\times20}$中，每部抽水机每小时抽出去的水量为$\frac{1}{100}$，25部抽水机每小时抽出去的水量为$\frac{1}{100}\times25=\frac{1}{4}$。

假设25部抽水机$b$小时将水池抽光，可以列方程：

$$\frac{1}{4}b=1+\frac{1}{20}b$$

解方程，得$b=5$（小时）。

也就是说，25部抽水机5小时可以将水池抽光。

**例题20.5** 展览会8点之前就有人来排队了。展览馆8点准时开门，如果设置3个入场口，8点9分就不再有人排队；如果设置5个入场口，8点5分后排队入馆的现象就消失了。假设从第一个排队的观众到来，平均每分钟有两名观众来到展览会，请问：第一个观众到达展览馆的时间是几点几分？

## 解答

这道题和“牛顿的牧场”问题非常类似。基于下面的几个假设：（1）从第一个观众前来排队开始，每分钟到达展览馆的人数相同；（2）每分钟通过入场口进入展览馆的人数多于每分钟到达的观众人数；（3）每个入场口每分钟进入展览馆的人数是相同的。

假设第一个到入场口排队的人比入场时间8点提前了$m$分钟，则8点开门时入场口的人数为$2m$。

如果设置了3个入场口，8点9分就不再有人排队，说明排队的观众已经全部进入到展览馆。因此，每个入场口每分钟进入到展览馆的人数为$\frac{2m+2\times 9}{3\times 9}$。

如果设置了5个入场口，8点5分就不再有人排队，说明排队的观众全部进入到展览馆。因此，每个入场口每分钟进入到展览馆的人数为$\frac{2m+2\times 5}{5\times 5}$。

由于每个入场口每分钟进入展览馆的人数相同，可列方程：

$$\frac{2m+2\times 9}{3\times 9}=\frac{2m+2\times 5}{5\times 5}$$

解方程得$m=45$（分钟）

第一个观众到达展览馆的时间比8点提前了45分钟，即7点15分。

## 习题二十

**第1题** 一块草地，可供12只羊吃12天，15只羊吃8天。如果草能匀速生长，那么，这块草地可供多少只羊吃6天？

**第2题** 一水库原有一定的存水，河水每天均匀地流入水库。如果用5台抽水机连续20天可以抽干，6台同样的抽水机连续15天也可以抽干。现在有12台抽水机，请问：多少天可以抽干？

**第3题** 假设地球上新生成的资源增长速度是一定的，照此计算，地球上的资源可供110亿人生活90年，或供90亿人生活210年。为了使人类能够不断繁衍，地球上最多能养活多少人？

**第4题** 某车站在检票前若干分钟就开始排队，每分钟来的旅客人数一样多。从开始检票到等候检票的队伍消失，同时开4个检票口需要30分钟，同时开5个检票口需要20分钟。如果同时打开7个检票口，那么，需要多少分钟后旅客检票才不需要排队？

**第5题** 用3台同样的水泵抽干一个井里的泉水要40分钟，用6台这样的水泵抽干它只要16分钟。如果用9台这样的水泵，多少分钟可以抽干这井里的水？

**第6题** 有三块草地，面积分别为5亩、6亩和8亩。草地上的草一样密，长得也一样快。第一块草地可供11头牛吃10天，第二块草地可供12头牛吃14天。问第三块草地可供19头牛吃多少天？

**第7题** 有一牧场，草每日匀速生长，17头牛30天可将草吃完，19头牛则24天可将草吃完。现在有一群牛若干头，吃6天后卖了4头，余下的牛再吃2天便将草吃完，请问：这群牛原来有多少头？

**第8题** 甲、乙、丙三个仓库，各存放着数量相同的面粉，甲仓库有一台皮带输送机和12个工人，5小时可将甲仓库里的面粉搬完；乙仓库有一台皮带输送机和28个工人，3小时可将仓库内的面粉搬完；丙仓库有2台皮带输送机，如果计划要用2小时把仓库内的面粉搬完，同时还需要多少个工人？

# 21 植树问题

# 经典的趣味思考

在英国出版的一本古老的趣味题集里，记载着由大科学家牛顿编写的一道趣味数学问题。原文是以诗句写出来的：

Your aid I want，nine trees to plant，

In rows just half as core；

And let there be in each row three，Solve this；

I ask no more.

按照诗中的意思，种植9棵树，要求植树成10行，每行种3棵树。这怎么可能呀？表面上看起来，植树成10行，每行种3棵，至少需要30棵树。

显然，有些树必须种在行和行的交点上。如图21-1所示，借助著名的

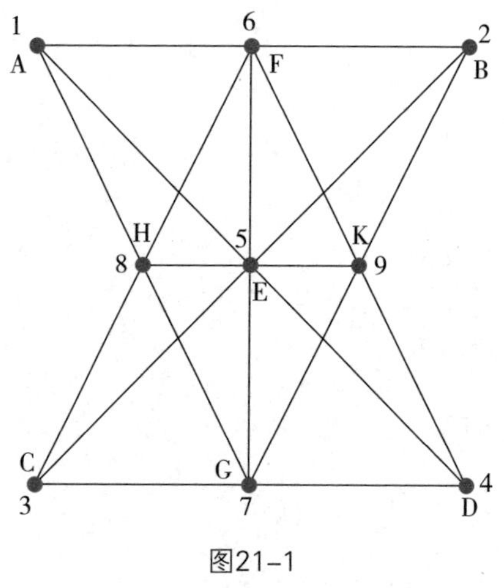


图21-1

帕普斯（Pappus）定理，可以设计出一种完美的种树方法。

（1）首先，在一块平地上取A、B、C、D四个点，种上4棵树，尽量让这4棵树成为正方形的四个顶点。

（2）取线段AD和CB的交点E，栽种第5棵树。

（3）在线段AB的中点取点F，栽种第6棵树。

（4）连接FE，并延伸至CD，取交点G，栽种第7棵树。

（5）连接线段AG及线段CF，取其交点H，栽种第8棵树。

（6）连接线段GB及线段FD，取其交点K，栽种第9棵树。

根据帕普斯定理，可以证明H、E、K三点也在一条直线上，H、E、K也成为一行，从而完成了“九树十行”的栽种任务。

帕普斯定理是射影几何学中的极其重要的定理。“九树十行”的植树问题表明，在人们熟知的数学趣味问题的背后，往往隐藏着深刻的数学原理。

**例题21.1** 已知有一段路，长度为450米。（1）现在要求沿路的两边种树，树与树之间的间隔为3米，请问这样最多能种多少棵树？（2）现在只有91棵树苗，要求沿路的一边种树，树与树之间的间隔相等并且尽可能大，请问间隔是多少？

### 解答

数学方法来源于人们实际的生产活动，并且为解决生产活动中的困难而服务。解决植树问题的最佳方案是借助图形，分析数量关系，列算式，找出问题的答案。

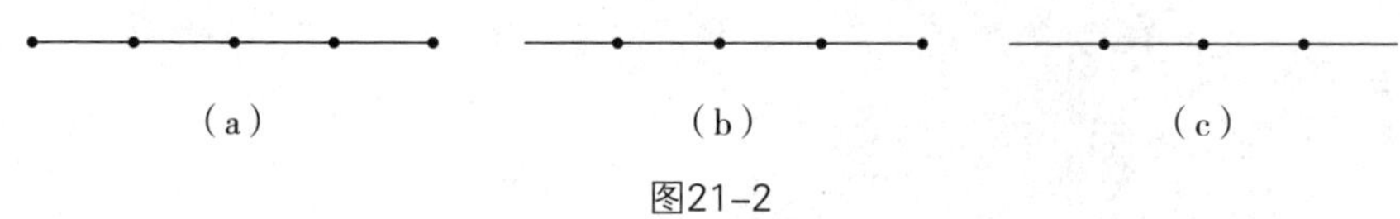


图21-2

如图21-2所示，沿着一条直线的植树问题，在树与树间隔相同的情况下，主要有这三种情况：两端都种树［图形（a）］，只有一端种树［图形（b）］，两端都没有种树［图形（c）］。

（1）先考虑只沿路的一边种树的情况。按题意，要求树的间隔为3米，同时要求种树棵数尽量多，所以选择两端都种树的情况。这时有公式：

$$棵数=全长\div 间隔+1$$

也就是说，沿路的一边种树，棵数为$450\div 3+1=151$（棵），沿路的两边种树，就需要$151\times 2=302$（棵）。

（2）根据公式：

$$间隔=全长\div (棵数-1)$$

结论：路的一边种植91棵树，间隔为$450\div (91-1)=5$米。

**例题21.2** 星期天，小明在家和爸爸一起做木工。将一根木头锯成三段，小明用了30分钟。假设小明每次锯断木头的时间都相同，现在，爸爸要求小明将另一根相同的木头锯成八段，小明需要多少分钟？

**解答**

切割木棍和植树问题基本相同。

如图21-3所示，如果将一根木棍切割成三段，就需要切割两次。

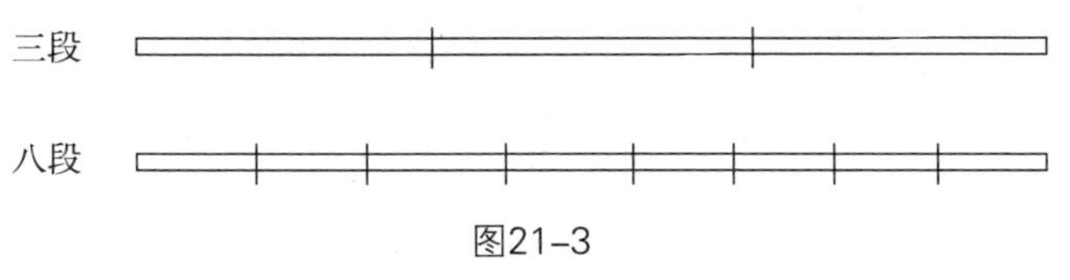

图21-3

段数=切割次数+1

将一根木棍切割成三段，需要切割两次，耗用时间为30分钟，说明切割一次需要15分钟。

如果要将木棍切割成八段，需要切割8－1=7（次）。因此，小明还需要切割15×7=105（分钟）。

**例题21.3** 有一个圆形花坛，绕它走一圈是120米。如果先在花坛周围每隔6米种一棵银杏，再在相邻的银杏树之间等距离地种两棵海棠。可种银杏树多少棵？可种海棠多少棵？每两棵相邻的海棠相距多少米？

## 解答

如图21-4所示，如果树与树之间的间隔相等，闭合的圆形植树问题的算术公式为

棵数=周长÷间隔

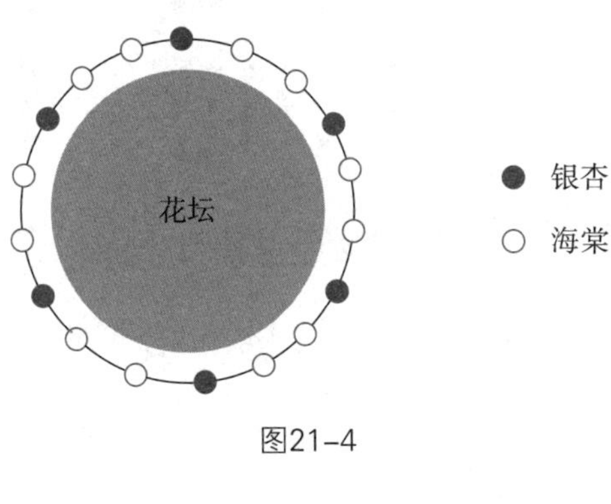

图21-4

按题意，花坛的周长为120米，银杏树之间的间隔为6米，因此，沿花坛种了$120 \div 6=20$（棵）银杏。要求在相邻的银杏树之间种两棵海棠树，相邻的海棠树间隔为$6 \div (2+1)=2$（米）。沿圆形花坛，银杏树之间的间隔数和银杏树的棵数相同，因此可以栽种$20 \times 2=40$（棵）海棠。

**例题21.4** 阅兵时，陆、海、空三个兵种的仪仗队依次通过主席台。每个兵种队伍都有40人，被平均分成5列方阵匀速行进，相邻的行之间的距离为2米。前面仪仗队的最后一行与后面仪仗队的最前一行之间的距离为9米。已知每个士兵行进的速度为每分钟40米，这三个兵种队伍的仪仗队通过宽100米的主席台需要多少分钟？

**解答**

如图21-5所示，40人的5列方阵有$40 \div 5=8$行。按题意，行与行之间间隔为2米，一个40人方阵从头到尾的长度为$(8-1) \times 2=14$（米）。每个兵种的仪仗队之间间隔为9米，因此，三个仪仗队从头到尾的距离为$14 \times 3+9 \times 2=60$（米）。

图21-5

如图21-6所示，一个60米的方阵以40米/分钟的速度通过100米的主席台，这与火车过桥问题原理上完全相同。方阵通过主席台期间行进的距离

为60+100=160（米），所需的时间为160÷40=4（分钟）。

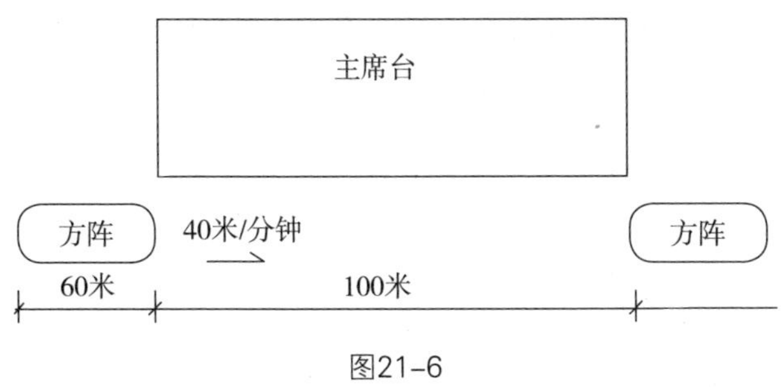


图21-6

## 习题二十一

**第1题** 两座楼房之间相距90米，计划在两座楼房之间种树19棵，要求楼与最近的树以及相邻的两棵树之间的间隔相同。请问：每两棵树的间隔是多少米？

**第2题** 原计划沿公路一旁埋电线杆201根，相邻两根电线杆之间的距离为50米。由于采取了新的工程技术，实际上在公路一旁只埋了126根电线杆。求相邻的电线杆之间的距离实际为多少？

**第3题**　一块长方形场地，长280米，宽比长少60米。从这个长方形的一个角开始，沿长方形的周长种树，每隔10米种一棵。这块场地周围可以种树多少棵?

**第4题**　明明的爸爸上楼梯的速度是明明的3倍，明明从1楼到3楼需要12分钟，那么，明明的爸爸从1楼到10楼要多少分钟?

**第5题**　有5根木料，要求分别锯成3段、5段、7段、9段和11段，每锯开一处需要5分钟，全部锯完这5根木料需要多少时间?

**第6题**　在一根长木棍上，有三组刻度线。第一组刻度线将木棍分成四等份，第二组将木棍分成五等份，第三组将木棍分成六等份。如果沿每条刻度线将木棍锯开，木棍总共被锯成多少段?

**第7题** 在一个周长为1200米的公园围墙外面，要求每隔8米种一棵柳树，然后，再在两棵柳树中间等距离地种2棵山槐。请问：公园四周一共种了多少棵树？

**第8题** 城市运动会上，接受检阅的彩车车队共32辆，每辆车长4米，每辆车之间相隔6米，它们行驶的速度都是每分钟50米，这列车队要通过286米长的检阅场地，需要多少分钟？

# 22 盈亏问题

## 双假设法的应用

《九章算术》第七卷单独设“盈不足”章，以解决数量关系错综复杂而且已知条件隐蔽难辨的一类数学问题。盈，指的是多出来的意思；不足，指的是亏、缺少的意思。盈不足问题也被称为“盈亏问题”，是很常见的一类算术应用题。

例如《九章算术》盈不足章的第一个问题为：“今有共买物。人出八，盈三；人出七，不足四。问人数、物价几何？”若干人共同购买某物，每人出8钱，集资款多出来3钱；每人出7钱，集资款还差4钱。

不妨让其中3个人出7钱，剩下的人出8钱，集资款恰好可以购买某物；或者让其中4个人出8钱，剩下的人只出7钱，集资款也恰好可以购买某物。也就是说，一共有7个人，商品的价格为$7\times3+8\times4=53$（钱）。

在这道题目中，不变量是这群人的人数以及商品的价格，变量是每个人出的钱数以及集资总数与商品价格的差。

假设一共有$x$人，某物的价格为$y$钱，每个人出的钱数为$a$钱，集资款与商品价格的差额为$b$钱，则有方程：

$$xa-y=b$$

第一次假设：若集资款为$a_1$时，差额为$b_1$，即 $a_1x-y=b_1$ （1）

第二次假设：若集资款为$a_2$时，差额为$b_2$，即 $a_2x-y=b_2$ （2）

根据上面两次假设的结果，得到下面的结论。

结论一：人数为$x=\frac{b_1-b_2}{a_1-a_2}$（人），物价为$y=\frac{a_2b_1-a_1b_2}{a_1-a_2}$（钱）。

结论二：当每个人的出资额为$\frac{y}{x}=\frac{a_2b_1-a_1b_2}{b_1-b_2}$时，差额为零。

“盈不足”术也被称为“双假设法”，通过丝绸之路传播到西方，在各类算术教科书和问题集中被广泛采用。

**例题22.1** 三年级6班的同学决定集体去郊区春游，需要集资租赁一辆大巴车。如果每名同学出资400元，支付租车费后多出3400元；如果每位同学出资300元，支付租车费后还多出100元。请问：这个班级共有多少名同学？租用大巴的费用是多少元？

**解答**

用双假设法的公式直接解题。

三年级6班的学生人数为$\frac{3400-100}{400-300}=33$（名）。

当每个同学出资$\frac{300\times3400-400\times100}{3400-100}=\frac{9800}{33}$（元）时，集资款恰好为租车费。

这样，租大巴车的费用是$\frac{9800}{33}\times33=9800$（元）。

**例题22.2** 酒店中出售两种酒：醇酒1升卖5钱，行酒1升卖1钱。现在有人用60钱在酒店买了40升酒，请问：其中醇酒和行酒各有多少升？（改编自《九章算术》盈不足章之十三）

## 解答

醇酒为好酒、浓酒，行酒为劣酒、淡酒。

（置换法）

在前面“鸡兔同笼”问题中就接触到这一类型的题目。假设全部买的是行酒，40升行酒值$40\times1=40$钱，比60钱便宜了20钱。

考虑到1升醇酒值5钱，1升行酒值1钱，用1升醇酒置换1升行酒，价值增加了4钱。

因为$20\div4=5$（升），所以，需要置换5升才能让40升酒的价格为60钱。

结论：40升酒中，醇酒有5升，行酒有35升。

（双假设法）

第一次假设：若醇酒有20升，这样，行酒有20升，则醇酒值100钱，行酒值20钱，总价值120钱，比实际多出了60钱。

第二次假设：若醇酒有10升，这样，行酒有30升，则醇酒值50钱，行酒值30钱，总价值80钱，比实际多出了20钱。

按双假设法，当醇酒的数量为$\frac{10\times60-20\times20}{60-20}=5$（升）时，酒的价值恰好为60（钱）。

结论：醇酒有5升，行酒有35升。

**例题22.3** 现在有大、小两种容器。已知当大容器5个、小容器1个时，共有容积360升；当大容器1个，小容器5个时，共有容积240升。请问：大、小容器的容积各是多少升？（改编自《九章算术》盈不足章之十四）

### 解答

条件一：当大容器5个、小容器1个时，共有容积360升。

条件二：当大容器1个，小容器5个时，共有容积240升。

第一次假设：若大容器为60升，根据条件一，5个大容器为300升，则1个小容器的容积也为60升。

将上述的结果代入到条件二，那么，1个大容器和5个小容器的容积共有360升，与240升比较，多出了120升。

第二次假设：若大容器的容量为70升，根据条件一，5个大容器的容量为350升，小容器的容积为10升。

将上述结果代入到条件二，1个大容器和5个小容器的容积共有120升，与240升比较，少了120升，即差额是-120升。

根据上面的数据，按双假设法计算：

$$\frac{70\times120-60\times(-120)}{120-(-120)}=\frac{70\times120+60\times120}{120+120}=65\text{（升）}$$

当大容器的容积是65升时，条件一和条件二均被满足。

这样，小容器的容量为35升。

**例题22.4** 某人购买了三颗宝石。第二颗宝石比第一颗贵4个钱币，第三颗宝石比第一、二颗价值之和还要贵5个钱币，三颗宝石共值81个钱币。请问：这三颗宝石的价值分别是多少？

### 解答

第一次假设：若第一颗宝石的价值为1个钱币，那么，第二颗宝石的价值为1+4=5（个）钱币，第三颗宝石的价值为1+5+5=11（个）钱币。

这三颗宝石的总价值为1+5+11=17（个）钱币，17个金币比81个金币便宜了64个钱币。

第二次假设：若第一颗宝石的价值为10个钱币，那么，第二颗宝石的价值为10+4=14（个）钱币，第三颗宝石的价值为10+14+5=29（个）钱币。

这三颗宝石的总价值为10+14+29=53（个）钱币，53个钱币比81个钱币便宜了28个钱币。

应用双假设法，当第一颗宝石的价值为$\frac{10\times64-1\times28}{64-28}=17$（个）钱币时，三颗宝石的价值之和恰好为81个钱币。

综合以上所述，第一颗宝石价值17个钱币，第二颗宝石价值21个钱币，第三颗宝石价值43个钱币。

## 习题二十二

**第1题** 以下两题改编自《九章算术》盈不足章：

（1）有人合伙买鸡。假设每人出资9元，多出11元钱；假设每人出资6元，还差16元钱。问：一共有多少人？鸡的价钱是多少？

（2）有人合伙买羊。假设每人出资5元，还差45元钱；假设每人出资7元，还差3元钱。请问：人数是多少？羊的价值是多少？

**第2题** 如果甲得到乙财富的三分之一，则有71金；如果乙得到甲财富的四分之一，则有81金。请问：两人原各有财富多少金？

**第3题** 已知白玉1立方寸重350克，石头1立方寸重300克。现在有一块玉石立方体，边长为3寸，重量为8500克。其中主要含白玉和石头，其他杂质可忽略。请问：这块立方体中白玉和石头各含多少？

**第4题** 育新学校四年级采购了一批篮球和足球，计划分配到各个班级，其中足球的数量是篮球数量的2倍。如果每个班级分到2个篮球，多出了2个篮球；如果每个班级分到5个足球，缺少4个足球。请问：育新学校四年级共有多少个班级？此次买回来的足球和篮球各多少个？

**第5题** 旅行团的游客在餐厅里吃午饭。如果3个人一桌，就会有8个人没有餐桌；如果4个人一桌，就会空出一张餐桌，并且还有一张餐桌上只坐了两个人。请问：一共有多少游客在餐厅中吃饭?

**第6题** 幼儿园给孩子们发儿童节礼物，有苹果和橘子若干个。如果5个苹果和3个橘子装一袋，苹果多4个，橘子恰好装完；如果7个苹果和3个橘子放在一起，苹果恰好装完，橘子还多12个。那么，苹果和橘子各有多少个?

**第7题** 猴王带领30只猴子去摘桃。下午收工后，猴王开始分配，若大猴分5个，小猴分3个，猴王可留10个；若大、小猴都分4个，猴王能留下20个。请问：在这群猴子中，除了猴王外，大猴、小猴各有多少只?

**第8题** 水果商店的苹果有大、小两种包装箱。如果买1个大包装箱和4个小包装箱的苹果，则有苹果90个；如果买2个大包装箱和3个小包装箱的苹果，则有苹果105个。请问：大、小包装箱中各有苹果多少个？

# 23 一笔画

## 从七桥问题说起

哥尼斯堡位于桑比亚半岛南部，曾经是德国的文化中心之一，第二次世界大战末，因德国战败，根据《波茨坦宣言》，此块土地划归苏联，成为如今俄罗斯的加里宁格勒。

据说普瑞格尔河流经哥尼斯堡市中心，河上有两个小岛，有七座桥把两个岛与河岸联系起来，如图23-1（a）所示，这里是哥尼斯堡市民日常休闲、游玩娱乐的场所。十九世纪初，当地有人提出一个有趣的问题：谁能够每座桥恰好只经过一次，再返回到出发点？

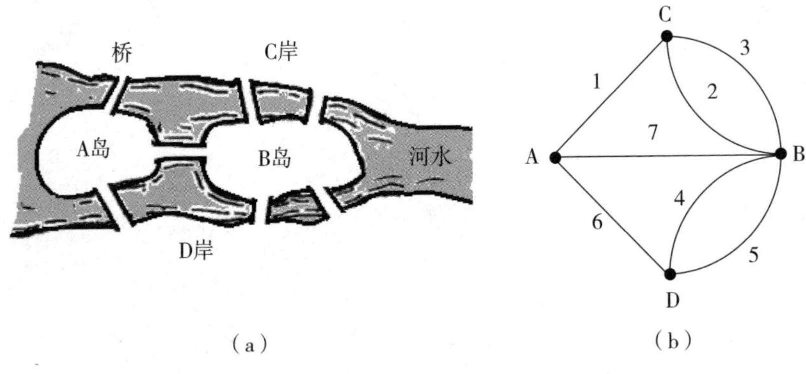


（a）　　（b）

图23-1

1736年，著名的数学家欧拉认真地研究了七桥问题。欧拉的方法是将七桥问题用图论的语言表达出来，如图23-1（b）所示，A、B、C、D为四个顶点，1、2、3、4、5、6、7是七条边。欧拉在数学上严格证明出如下

的定理：

如果一个图可以从某一顶点出发，每条边恰好只经过一次，再返回到出发点，必须满足如下两个条件：（1）这个图中的任何两个顶点都可以通过边（或者边和顶点）连通；（2）这个图的每个顶点连接的边数都是偶数。

如图23-1（b）所示，A、B、C、D这四个顶点连接的边数都是奇数，哥尼斯堡的七桥问题无解。

**例题23.1** 如图23-2所示，图形（a）、（b）、（c）中，哪一个图可以“一笔画”？

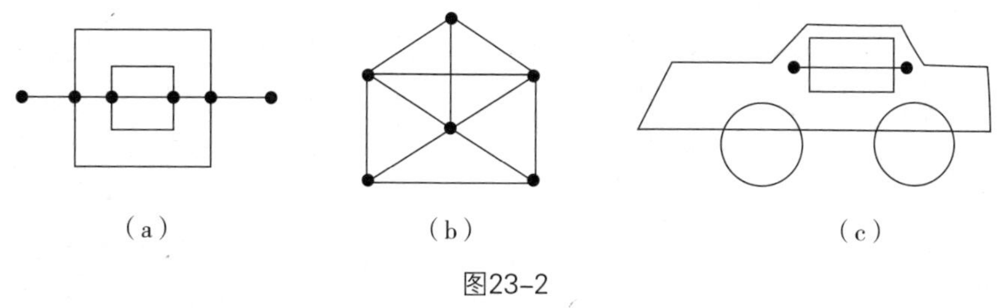


图23-2

**解答**

“七桥问题”需要从某一点出发经过所有的边，并且再返回到原点；“一笔画”问题是指从某一点出发经过所有的边，但不需要返回到原点。“七桥问题”和“一笔画”属于同一类问题，一个图形要能一笔画必须符合两个条件：（1）任何两个顶点都是连通的，同时图形中的奇数顶（与奇数条边相连的顶点）个数为0或2；（2）当一个图形有两个奇数顶时，必须从其中的一个奇数顶出发，然后经过所有的边后再到另一个奇数顶结束。

根据这两个条件，图形（a）是可以一笔画的，它只有两个奇数顶。

图形（b）不可以一笔画。图形（b）中，有三个顶点连接的边数是3，有一个顶点连接的边数为5。

图形（c）也不可以一笔画。这个图被分成了两个部分，不是连通图。

**例题23.2** 如图23-3所示，甲在A点、乙在B点。现在要求甲、乙二人在A点和B点同时出发，穿过所有的边且仅穿过一次，最后到达C点。请问：他们谁能完成任务？如果他们都能完成任务，谁用时最短？

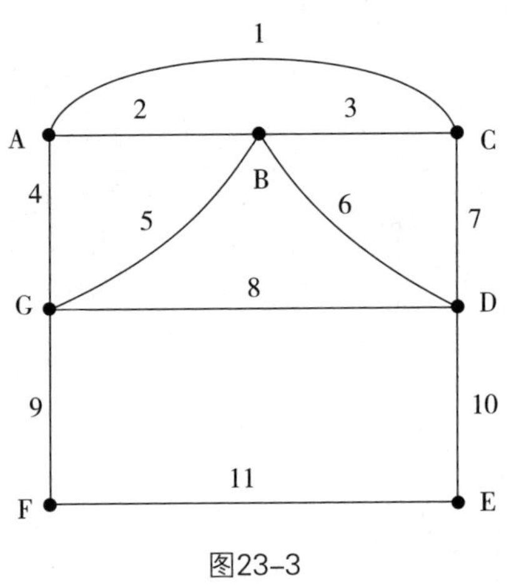


图23-3

## 解答

首先，图23-3是连通图；其次，图形中只有顶点A和顶点C连接的边数为奇数3，奇数顶的数量为2。根据一笔画的判定条件，这个图形可以实现一笔画。

甲从A点出发，可以依次穿过4—G—9—F—11—E—10—D—8—G—5—B—2—A—1—C—7—D—6—B—3，最后返回到C点。

对于乙而言，他所在的B点连接的边数为4，因为连接顶点A和连接顶点C的边数为奇数，因此，从B点出发无法穿过所有的边并且仅穿过一次最后返回到C点。

结论：甲可以完成任务，乙无法完成任务。

**例题23.3** 如图23-4所示，这是某公园内的一景，湖上有三个湖心岛，修建有9座桥。从其中的一座桥出发，每座桥只允许通过一次，你能游完所有的桥吗？

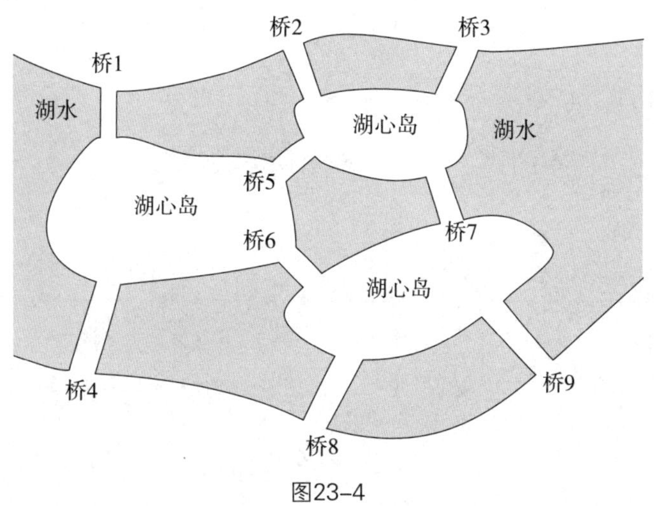


图23-4

## 解答

如图23-5所示，顶点A、B、C分别代表三个湖心岛，顶点D和顶点E代表湖的两岸。图形的每条边分别代表了各座桥。

其中，顶点A、B、C连接的边数是4，顶点D和顶点E连接的边数是3。根据一笔画的判定条件，可以从D出发，经过所有的桥后，再到达E。

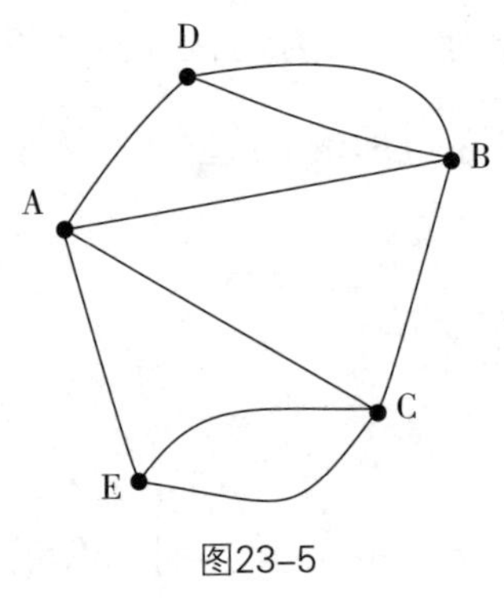

图23-5

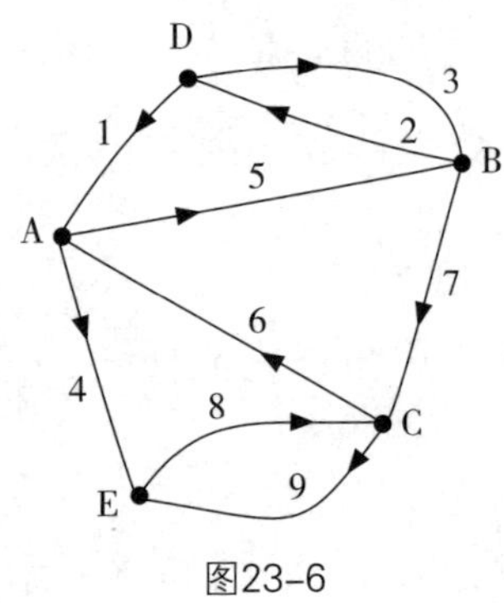

图23-6

如图23-6所示，具体的一个游玩路线示意如下：

D—1—A—4—E—8—C—6—A—5—B—2—D—3—B—7—C—9—E

**例题23.4** 如图23-7所示，如果从A点到B点，要求每条边只允许通过一次，要通过所有的边，一共有多少种走法？

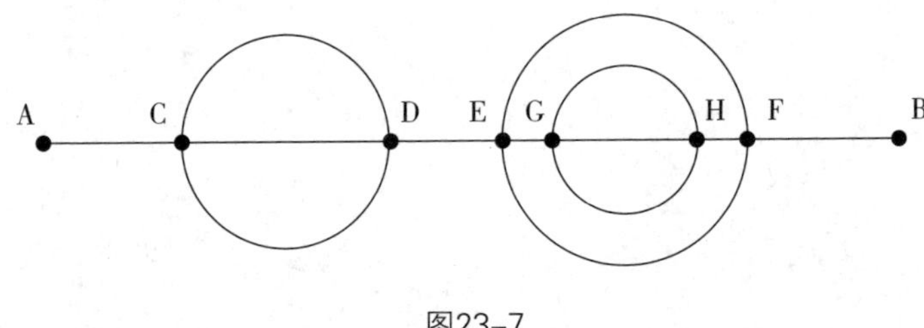

图23-7

## 解答

关键在于如何计算出C点到D点、E点到F点分别有多少种走法。

（1）如图23-8（a）所示，在C点有3条路线选择，分别是边1、2、3，当选定其中的一条边到达D点后，有2条路线选择，然后返回到C点就只有1条路再到达D点。也就是说，从C点到D点，有3×2×1=6（种）走法。

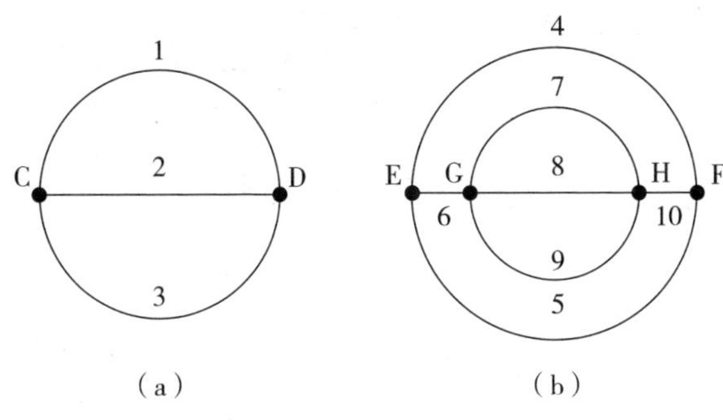


图23-8

（2）如图23-8（b）所示，从E点出发到F点，有以下几条路线可供选择：

① 选择边4到F点，选择边5返回到E点，再从边6到F。

这种情况下，从G点到H点，根据（1）的讨论，有6种走法。

② 当选择边5到F点，选择边4返回到E点，再从边6到F。

同理，这种情况下，也有6种走法。

③ 选择边4到F点，再选择边10返回到E点，再从边5到F。

这种情况下，从H点返回到G点，有6种走法。

④ 选择边5到F点，再选择边10返回到E点，再从边4到F。

同上，这种情况下，也有6种走法。

⑤ 选择边6到F点，然后，选择边4（或者边5）返回到E点，再从E点回到F点。

这种情况下，有12种走法。

综合以上的分析，从E点到F点一共有36种走法。

综合（1）和（2）的分析，根据乘法原理，从A点到B点，要求每条边只允许通过一次，一共有$6\times36=216$（种）走法。

# 习题二十三

**第1题** 请判断下列的汉字中哪一个可以一笔画出来，并说明理由。

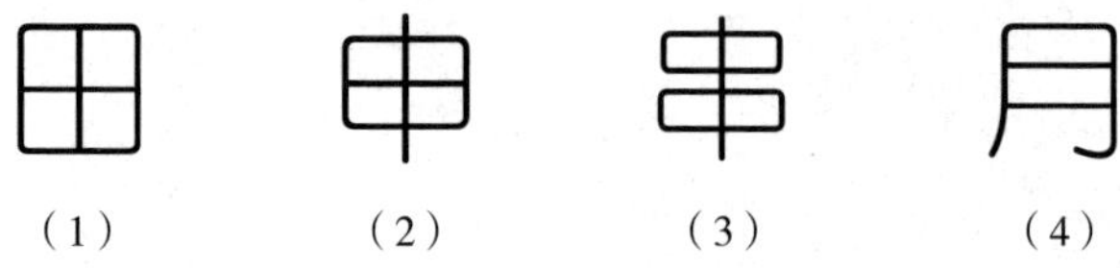

（1） （2） （3） （4）

**第2题** 请判断下列各图是否可以一笔画出来，并说明理由。

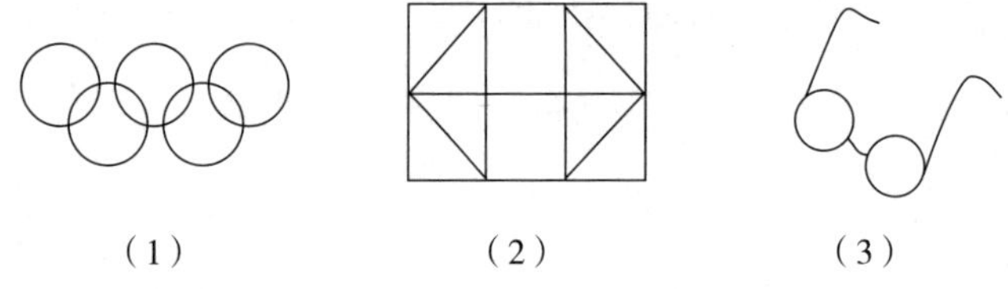
（1） （2） （3）

**第3题** 下面的各图中，哪些可以一笔画出来？你能给出一个一笔画的方案吗？

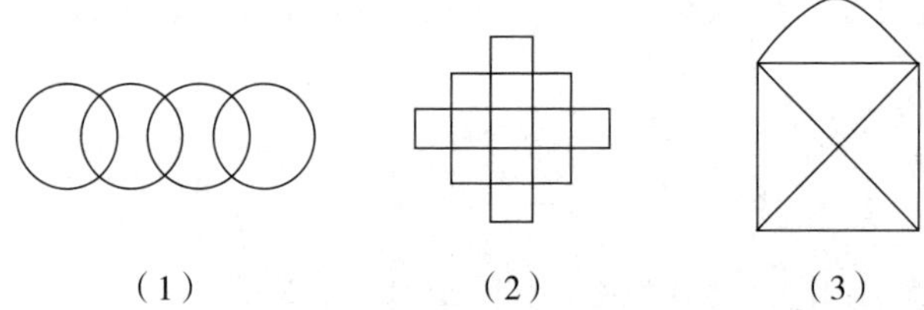
（1） （2） （3）

**第4题** 下面的各图中，哪一个明显不属于同一类？请说出理由。

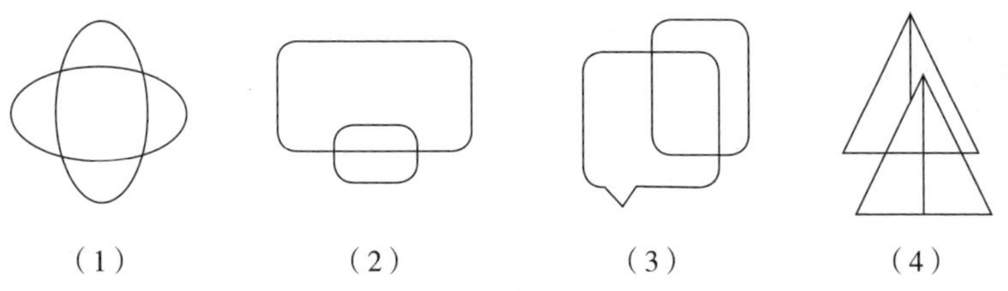


**第5题** 下面的各图中，哪一个明显不属于同一类？请说出理由。

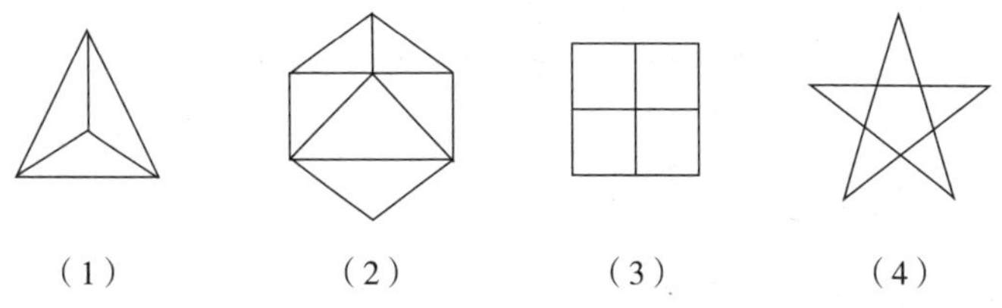


**第6题** 下图是一个展览馆的示意图，这个展览馆有5个展室，9个门。一个观众计划参观这个展览馆，他想通过所有的门，但每个门都只通过一次。你觉得他能完成这个计划吗？如何完成？

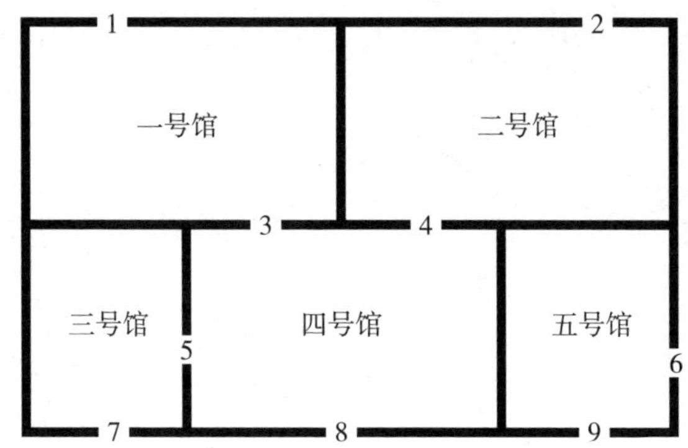

**第7题** 下图是一个公园的平面示意图，公园有A、B、C、D四个门。想让游客不重复走公园内的道路，并且走完公园内所有的道路，应该如何合理设置公园的出口和入口？

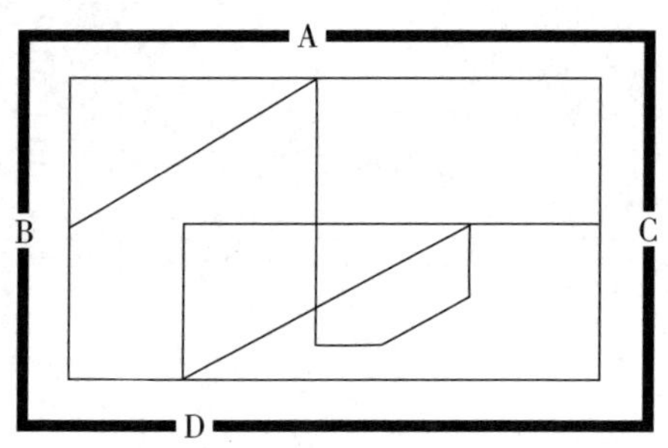


**第8题** 如下图所示，从A点走到B点，除了交点外，其他位置不能重复走，并且要求走遍图中所有的边，一共有多少种不同的走法？

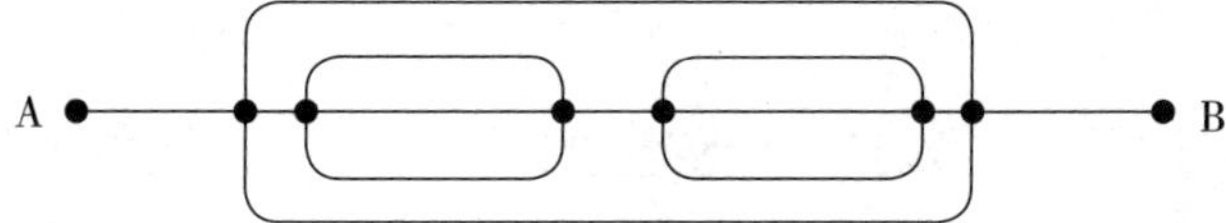

## 24 地图着色

# 实际工作中的数学

找来一个地球仪，或者找来一张地图，认真观察一下每个国家（行政区）及其在地图上的颜色。通常，在地图上通过不同的颜色区分相邻的国家。给地图上的国家和行政区涂不同的颜色，是一件饶有趣味的工作。

1852年，年轻的格斯里来到一家科研单位搞地图着色工作。他毕业于伦敦大学，作为数学爱好者，他在工作中发现了一个有趣的现象：

*每幅地图都可以用四种颜色着色，使得有共同边界的国家因着不同的颜色而被区分。*

这种现象能不能在数学上加以严格证明呢？格斯里和他的弟弟决心试一试，为证明这一问题而使用的稿纸已经堆了一大叠，可是研究工作却没有实质性的进展。格斯里的弟弟只好就此请教他的老师数学家摩尔根，摩尔根也无法证明此题。他写信向著名数学家哈密尔顿爵士请教。但是，直到哈密尔顿去世，也没能证明此题。

这个著名的“四色问题”困扰了数学界一个多世纪。

1976年，美国数学家哈肯和阿佩尔合作，在两台不同的电子计算机上，用了1200小时，作了约100亿次判断，终于通过电脑辅助证明了“四色问题”。

**例题24.1** 如图24–1所示，一个长方形被划分为A、B、C、D、E五部分，现在给该长方形着色，要求相邻的部分不得使用相同的颜色。有4种颜色可供选择，请问：这个图一共有多少种不同的着色方案？

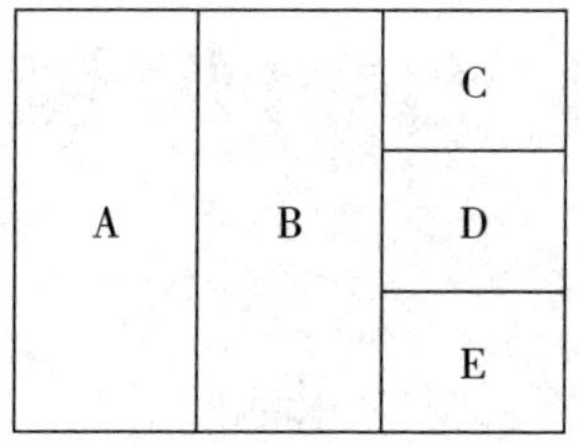


图24-1

## 解答

在解题时，正确地选择着色的次序，尽量从对周围影响最大、相邻区域最多的区域入手，并区分各种不同的情形，对于得到准确的答案非常重要。

（1）首先，对B区域的着色，有4种选择。

（2）当B区域的颜色选定后，区域A和区域D各有3种选择。

（3）当区域A和区域D的颜色选定后，区域C和区域E的颜色各有2种选择。

综合以上所述，应用排列组合的乘法原理，一共有$4\times3\times3\times2\times2=144$（种）着色方案。

**例题24.2** 如图24-2所示，一个地区分为5个行政区域，给地图着色时，要求相邻区域不得使用相同的颜色。有4种颜色可供选择，请问：涂色完成后，这个地图能够形成多少种不同的着色方案？

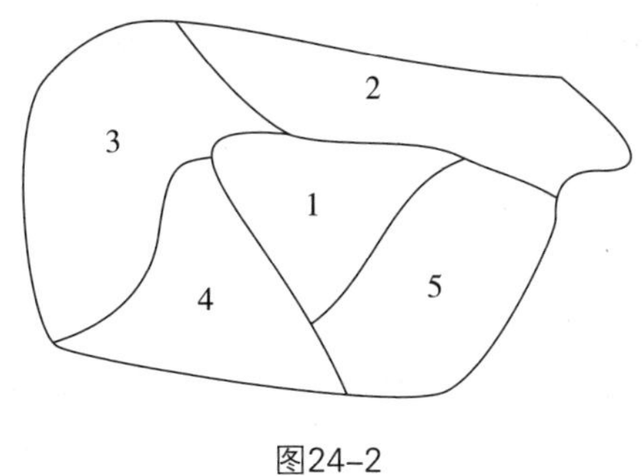


图24-2

## 解答

（1）第一种情况：区域2、4同色。

区域2、4的颜色有4种选择；当区域2、4的颜色选定后，区域1的颜色有3种选择；这样，区域3和区域5的颜色各有2种选择。

根据乘法原理，一共可能形成$4\times3\times2\times2=48$（种）图案。

（2）第二种情况：区域2、4不同色。

区域2和4的颜色有$4\times3=12$种选择；当区域2和4的两种颜色选定后，区域1的颜色有2种选择；区域3和区域5只能用最后一种颜色。

根据乘法原理，一共可能形成$12\times2=24$（种）图案。

综合（1）（2）两种情况，根据加法原理，地图的着色有$48+24=72$（种）方案。

**例题24.3** 在一个正六边形内的六块场地栽种观赏植物［如图24-3（a）所示］，要求同一块场地中只栽种一种植物，相邻的场地栽种的植物不同。现在有4种植物可供选择，请问一共有多少种不同的栽种方案？

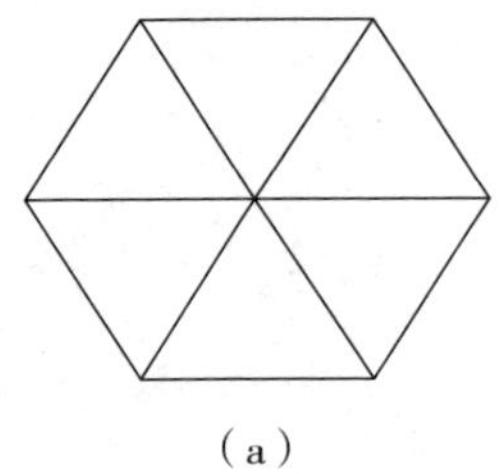
（a）

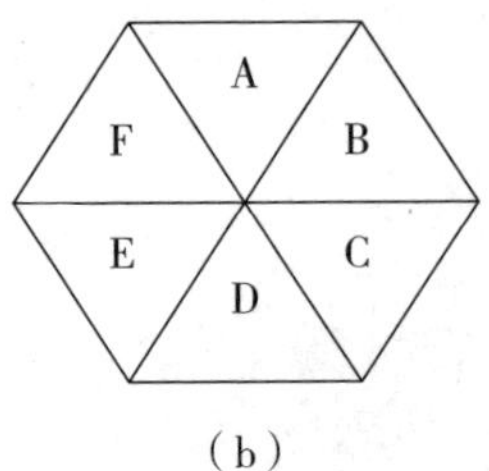

（b）

图24–3

## 解答

如图24–3（b）所示，为了叙述方便起见，给六块场地依次标上字母A、B、C、D、E、F。按场地A、C、E栽种的植物，有如下的三种情形：

（1）场地A、C、E栽种同一种植物，有4种选择。

当场地A、C、E栽种的植物选定后，B、D、F可从剩余的三种植物中各选一种植物，允许重复，各有3种选择。

根据乘法原理，共有$4\times3\times3\times3=108$（种）栽种方案。

（2）场地A、C、E栽种两种植物，有$4\times3=12$（种）选择。

① 若场地A、C栽种同一种植物，那么，场地B栽种的植物有3种选择，场地D、F各有2种选择。这种情况有$12\times3\times2\times2=144$（种）栽种方案。

② 若场地C、E栽种同一种植物，同理，这种情况有144种栽种方案。

③ 若场地A、E栽种同一种植物，同理，这种情况有144种栽种方案。

根据加法原理，共有$144+144+144=432$（种）栽种方案。

（3）场地A、C、E栽种了三种植物，有$4\times3\times2=24$（种）选择。

这时，场地B、D、F栽种的植物各有2种选择。

根据乘法原理，此时共有$24\times2\times2\times2=192$（种）栽种方案。

综合以上三种情况，一共有$108+432+192=732$（种）不同的植物栽种方案。

**例题24.4** 如图24-4（a）所示，顶点为P、底面为四边形ABCD的四棱锥PABCD，用5种不同的颜色涂在四棱锥的各个面上，要求有公共边的相邻面上涂不同的颜色，一共有多少种涂法？

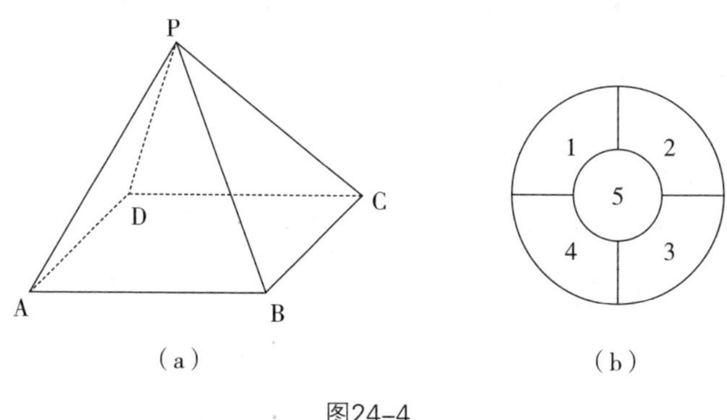


图24-4

## 解答

对四棱锥PABCD的各个面涂色可以转换成区域涂色问题。图24-4（a）和图24-4（b）在涂色问题上是等价的：四棱锥的底面ABCD相当于区域5；四棱锥的四个三角形侧面相当于区域1、2、3、4。

原题等价于如下描述：请对图24-4（b）中的各个区域涂色，要求相邻的两个区域涂不同的颜色，有5种不同的颜色可供选择，一共有多少种涂法？

**（方法一）**

按区域2和区域4的颜色情况划分：

（1）区域2和区域4的颜色相同：

区域2和区域4的颜色有5种选择；区域5的颜色有4种选择；当区域2、区域4和区域5的颜色选定后，区域1和区域4各有3种选择。

这种情况下，有5×4×3×3=180（种）涂法。

（2）区域2和区域4的颜色不相同：

区域2和区域4的颜色有5×4=20（种）选择；区域5的颜色有3种选择；当区域2、区域4和区域5的3种颜色选定后，区域1和区域3各有2种选择。

这种情况下，有20×3×2×2=240（种）涂法。

综合以上两种情况，一共有180+240=420（种）涂法。

**（方法二）**

按涂色时应用颜色的数量划分：

（1）采用3种不同颜色

按题中的条件，只能是区域1、3同色和区域2、4同色。

区域5的颜色有5种选择；区域1、3的颜色有4种选择；区域2、4的颜色有3种选择。

这种情况下，一共有5×4×3=60（种）涂法。

（2）采用4种不同颜色

4种颜色涂在5个区域，必然有两个区域是同种颜色。区域1、3同色，或者区域2、4同色。

当区域1和区域3是同种颜色时，其他区域均不同色，有$5\times4\times3\times2=120$（种）涂色方案。

同理，当2、4区域同色时，也有$5\times4\times3\times2=120$（种）涂色方案。

也就是说，采用4种不同的颜色时，共有$120+120=240$（种）涂色方案。

（3）采用5种不同颜色

5个区域采用5种颜色，一共有$5\times4\times3\times2\times1=120$（种）涂色方案。

综合上述的三种情况，应用加法原理，一共有$60+240+120=420$（种）涂色方案。

## 习题二十四

**第1题** 用三种颜色给下图中的圆圈染色，一个圆圈只能染一种颜色，并且有公共边相连的圆圈不能同色。请问：一共有多少种不同的染色方法?

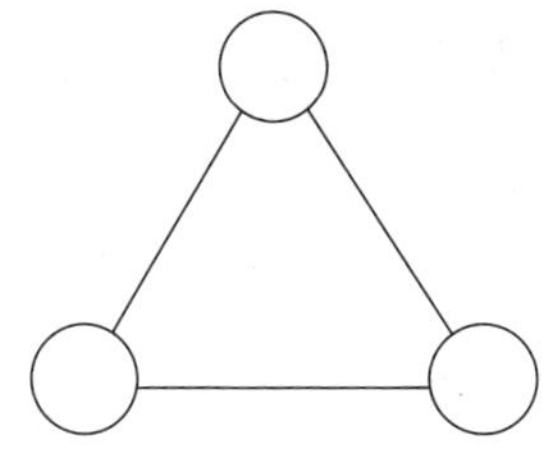

**第2题** 如下图所示的四个蜂窝，采用4种颜色涂色，相邻两个部分不同色。那么，一共有多少种不同的涂色方法？

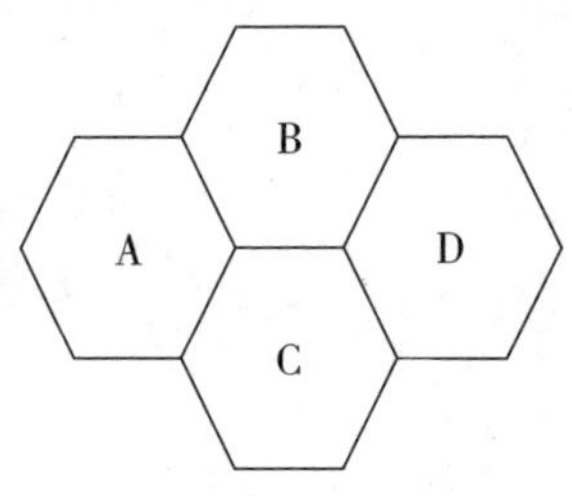


**第3题** 如下图所示的5个部分，采用4种颜色涂色，相邻两个部分不同色。那么，一共有多少种不同的涂色方法？

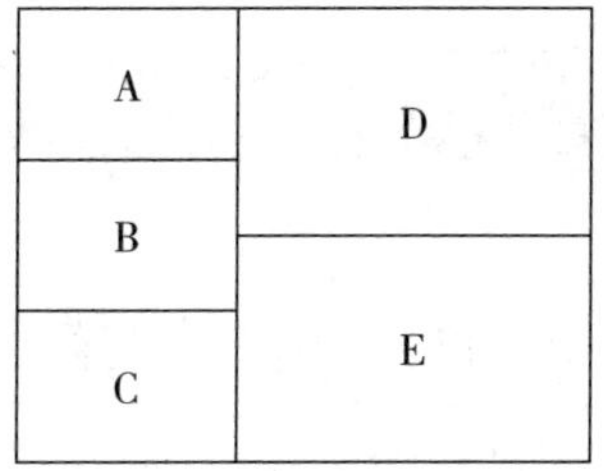


**第4题** 聪聪想用彩笔画五环的图案，一个完整的圆环采用一种颜色，相互交叉的圆环采用不同的颜色。一共有5种颜色的彩笔，请问：聪聪能够画出多少种不同的五环图案？

**第5题** 用5种颜色对下图所示的4个区域涂色，每个区域涂一种颜色，相邻的区域不同色。允许颜色重复使用，请问一共有多少种不同的涂色方案？

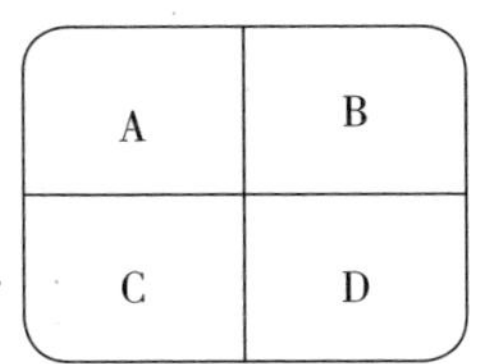


**第6题** 地图中的一个区域被划分成6个部分，相邻的两个部分采用不同的颜色，不相邻的部分可以采用相同的颜色。有4种颜色可以选择，请问：一共有多少种不同的着色方案？

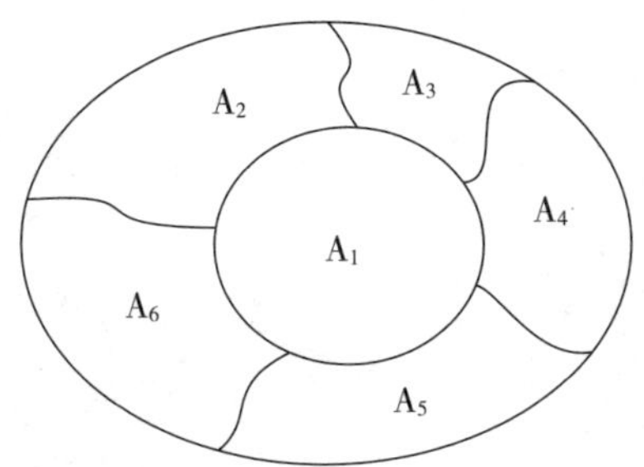


**第7题** 用5种不同的颜色涂在如下图所示的6个区域，且相邻的两个区域不同色。请问共有多少种不同的涂色方案？

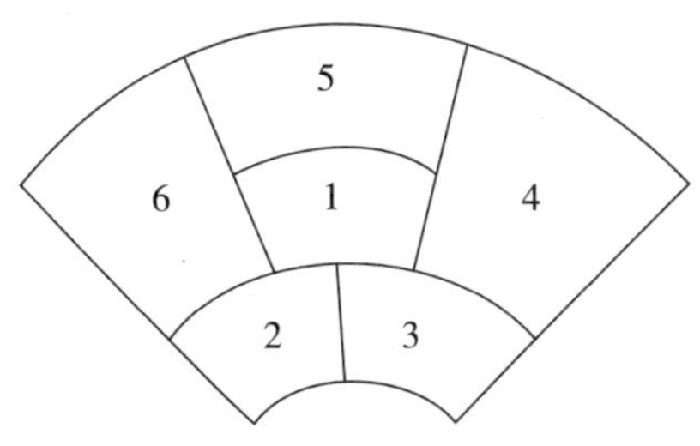

**第8题** 如下图所示，对标号为1、2、3、4、5的小圆圈进行涂色，每个圆圈涂一种颜色，有同一条边的两个圆圈不同色。如果有5种颜色可供选择，那么，一共有多少种涂色方案？

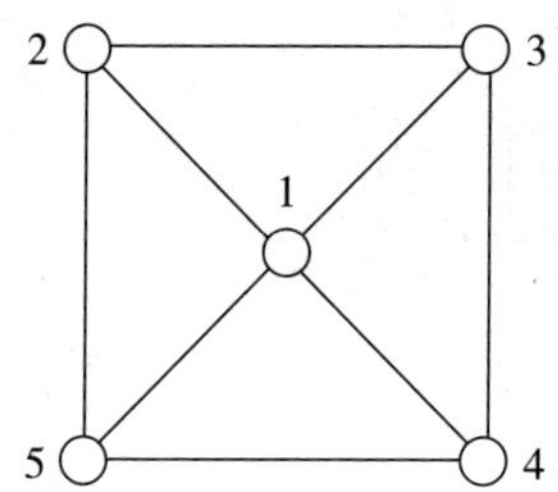

# 25 抽屉原理

## 抢椅子游戏的启示

大家都玩过抢椅子的游戏吧？在这个童趣十足的游戏中，总是充满了欢声笑语。

将椅子围成一个圆圈，游戏者也围着椅子站成一个圆圈，椅子数比游戏者人数少一个。主持人开始敲鼓，鼓声一响，游戏者就围着椅子转圈，并且按敲击的节奏快慢来转圈。当鼓声戛然而止，游戏者就开始抢椅子，一把椅子只能坐一个人，没有坐上椅子的人将被淘汰。

被淘汰者离场，再撤下一把椅子。

继续进行第二轮游戏，如此反复，直到剩下两个人争一把椅子，最后抢到椅子的人就是胜利者。

因为椅子数比游戏者人数始终少一个，因此总是有一个人抢不到椅子，看似简单的游戏，却蕴含了深刻的数学原理，这一原理在数学上被称为“抽屉原理”。

抽屉原理的常规表述为：把$n+1$个物体放进$n$个抽屉里，那么至少有一个抽屉里包含两个物体。

抽屉原理也被称为鸽巢原理，由德国数学家狄利克雷（1805—1859）首先明确提出来，因此也被称为狄利克雷原理。抽屉原理在组合学中占据着非常重要的地位，它常被用来证明一些关于存在性的数学问题。

使用抽屉原理的关键是巧妙构造抽屉，即如何找出合乎问题条件的分类原则。

**例题25.1** 一个箱子里装有红、蓝、白、黑四种颜色的球，混放在一起，如果手伸进箱子里一个一个地随机取球，那么，需要至少取出多少个球，才能保证其中一定有两个颜色相同的球？

**解答**

在应用抽屉原理的过程中，一般都采用平均分配的思路，保证每个抽屉都得到分配，即考虑到条件最差的情况，这种思考问题的方法也被称为“最不利原则”。

将红、蓝、白、黑四种颜色看作是4个抽屉，最不利的情形就是前四个球的颜色各不相同，要想其中的一个抽屉中保证出现2个颜色相同的球，至少要取出5个球。

**例题25.2** 黑色、褐色、银色的筷子各有8根，混杂放在一个箱子里，从箱子里一根一根地取出筷子，问至少要取出多少根筷子才能保证配成两双颜色不同的筷子？

**解答**

只要颜色相同，就可以配成一双筷子。

应用抽屉原理和最不利原则，前3根筷子的颜色分别为黑色、褐色、银色，第4根筷子的颜色将是黑色、褐色、银色中的一种，可以配出一双筷子。

假设第4根筷子是黑色，箱子里的筷子有黑色6根、褐色7根、银色7根。按最不利原则，从第5根筷子开始，连续取出的6根筷子都是黑色，这样，第11根筷子才可能是褐色、银色中的一种。

综合以上的分析，若保证从箱子里取出的筷子能配成颜色不同的两双筷子，至少需要取出11根筷子。

**例题25.3** 在边长为2的正三角形内任意取5个点，其中必然存在两个点，它们的距离不会超过1，为什么？

**解答**

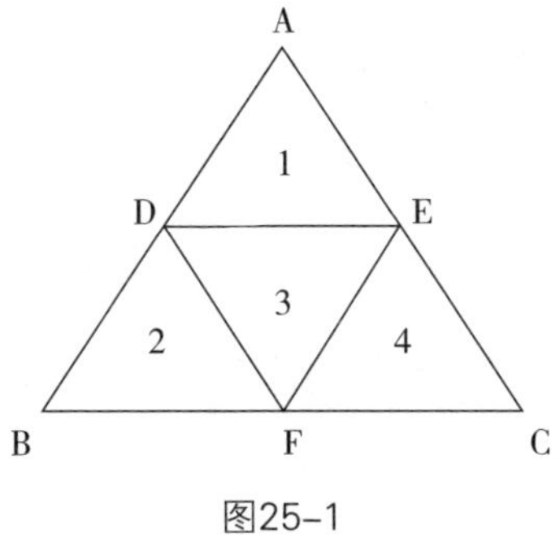


图25-1

如图25-1所示，正三角形ABC的边长为2，分别在三条边上取中点D、E、F，连接DE、DF和EF。这样，正三角形被划分为1、2、3、4四个大小相同的小正三角形。

可以将这四个小三角形看作是四个抽屉，在正三角形内任意取5个点，应用抽屉原理，这5个点中必然有两个点同时出现在其中的某一个小三角形中。

例如有两个点出现在区域1即三角形ADE中。在小正三角形ADE中，任意的两个点的距离不会超过其边长1。

**例题25.4** 任意的五个自然数中，其中必有三个数的和能被3整除。为什么？

**解答**

任意的一个自然数除以3，余数是0或1或2。这样，对五个自然数，考察它们除以3后的余数，可以分如下三种情况。

（1）余数0、1、2都有的情况。

这种情形下，只需要将除以3余数为0、1、2的三个数加起来，因为0+1+2=3，它们的和也能被3整除。

（2）余数0、1、2只出现两个的情况。

如果余数0没有出现，根据抽屉原理，余数1或者余数2将出现三次。

同理，如果余数1没有出现，余数0或者余数2将出现三次。

如果余数2没有出现，余数0或者余数1将出现三次。

1+1+1=3，且2+2+2=6。

取余数相同且出现3次的自然数，它们的和会被3整除。

（3）余数0、1、2只出现一个的情况。

这种情形下，五个自然数中的任意三个数之和均可被3整除。

**例题25.5** 从等差数列5、9、…、97中任意取出13个数，这13个数中必有两个数之和等于102，为什么？

## 解答

这个等差数列的首项是5，末项是97，公差是4，一共有$\frac{(97-5)}{4}+1=24$（项）。

将这24个数构造成12个抽屉：{5,97} {9,93} {13,89}…{49,53}

从等差数列5,9,…,97中任意取出13个数，然后放入到上面的抽屉中，这个数与哪个抽屉中的数相同，就放入到该抽屉中。

应用抽屉原理，至少有一个抽屉中被放入了两个数，这两个数的和为102。

**例题25.6** 在任意的六个人中，一定可以找到三个人彼此认识或者三个人彼此不认识，请说明其中的道理。（选自1947年匈牙利全国中学生数学竞赛试题）

## 解答

说明其中的道理，需要应用抽屉原理，构造出合适的抽屉。

从六个人中任意地挑选一个人，标记为A，对其他的五个人，构造出两类抽屉：“与A彼此认识的人”和“与A彼此不认识的人”，符合哪一类人就往哪一个抽屉里放，5个人放到两个抽屉里，总有一个抽屉里的人数不少于3个人。

分以下两种情况讨论。

（1）与A彼此认识的人不少于3个

只选取其中的三个人，这时有两种情况。

如果这三个人彼此不认识，问题已经得到证明。

否则，其中至少有两个人彼此认识，因为他们与A也是彼此认识的，彼此认识的三个人也找到了。问题得到证明。

（2）与A彼此不认识的人不少于3个

只选取其中的三个人，这时也出现两种情况。

如果这三个人彼此认识，问题已经得到证明。

否则，这三个人中至少有两个人彼此不认识，因为他们同时与A也彼此不认识，所以，彼此不认识的三个人也找到了。问题得到证明。

综合以上的分析，说明任意的六个人中，一定可以找出三个人彼此认识或者三个人彼此不认识。

## 习题二十五

**第1题**　袋子里有红、黄、黑、白四种颜色的珠子，每种颜色的珠子的数量都足够多。如果闭着眼睛从袋子里摸珠子，想要找出2颗颜色相同的珠子，最多摸多少次就能达到目的？

**第2题**　木箱里装有红色球3个、黄色球5个、蓝色球7个，若蒙眼去摸，为保证取出的球中有4个球的颜色相同，则最少要取出多少个球？

**第3题** 育新学校的阅览室中有小说、诗歌和童话三种类型的课外读物。规定每位学生最多借阅两本不同类型的书。如果一群学生每个人都借阅了图书，请问：这群学生最多需要多少人可以保证其中有两名学生借阅的图书类型相同？

**第4题** 四年级3班有46名学生。班主任老师了解到在期中考试中该班数学成绩全部为整数，并且除3人外均在86分以上，于是说："我可以断定，本班同学至少有4人成绩相同。"请问老师说得对吗？为什么？

**第5题** 学校派出学生204人上山植树15301株，其中最少一人植树50株，最多一人植树100株，则至少有5人植树的株数相同。为什么？

**第6题** 在正方形内任意放5点，其中必有两点的距离不大于正方形对角线的一半，为什么？

**第7题** 从1，3，5，…，99中任选26个数，其中必有两个数的和是100。为什么？

**第8题** 边长为1的正方形内有九个点，其中任意的三个点都不在一条直线上，那么，在这九个点中一定能找出三个点，这三个点组成的三角形面积不大于$\frac{1}{8}$。

## 26 过河问题

# 阿尔昆的机智趣题

找一副扑克牌，仔细观察一下红桃K上印的人，这个人就是大名鼎鼎的查理大帝，法兰克王国加洛林王朝国王。查理大帝建立的庞大帝国征服了欧洲大部分地区。

查理大帝的一生文治卓越，武功显赫。他关心文化教育，邀请英国学者阿尔昆（736—804）到宫廷，兴办宫廷学校（法国巴黎大学的前身），委以振兴教育事业的重任。查理大帝本人很喜欢玩益智类谜题，阿尔昆为他专门设计制作了56个趣题，并把它们编辑成一本教学手册，名为《让年轻人更机智的问题集》。

阿尔昆的谜题在欧洲传播广泛，流传至今。其中有一道“过河问题”非常有名，“过河问题”所蕴含的数学思想促进了“组合数学”的创立和发展，还对逻辑学和计算机算法等学科产生了深刻的影响。

**例题26.1** 一位旅行者带着一只狼、一只羊和一筐大白菜过河。河中只有一条船，船上一次只能装两样东西：他本人和狼、羊、白菜之一。如果没有他亲自看管，狼会吃羊、羊会吃白菜。不过，狼不会吃白菜。旅行者需要怎么做才能安全过河呢？（选自阿尔昆《会让年轻人更机智的问题集》）

## 解答

旅行者（简称人）、狼、羊和大白菜（简称菜），按排列组合的规律共有16种状态。当旅行者、狼、羊和大白菜什么也没有时，记为{空}。

如图26–1所示，有如下的过河方案。

| | 河岸 | 河 | 对岸 |
|---|---|---|---|
| 初始状态 | {人狼羊菜} | | |
| 第1步　过河 | {狼菜} | {人羊}→ | {空} |
| 第2步　返回 | {人狼菜} | ←{人} | {羊} |
| 第3步　过河 | {狼} | {人菜}→ | {羊} |
| 第4步　返回 | {人狼羊} | ←{人羊} | {菜} |
| 第5步　过河 | {羊} | {人狼}→ | {菜} |
| 第6步　返回 | {人羊} | ←{人} | {狼菜} |
| 第7步　过河 | {空} | {人羊}→ | {人狼羊菜} |

图26–1

第1步：第一次过河时，旅行者只能带走羊，状态转换为{狼菜}。否则，带走狼，羊吃菜；带走菜，狼吃羊。

第2步：旅行者独自返回河岸，状态转换为{人狼菜}。

第3步：旅行者过河，带走大白菜，状态转换为{狼}。

第4步：因为不能让羊和菜独处，留下菜，带着羊返回，状态转换为{人狼羊}。

第5步：旅行者过河，带走狼，状态转换为{羊}。

第6步：旅行者独自返回，状态转换为{人羊}。

第7步：旅行者带着羊过河，完成任务。

到达对岸时，旅行者就可以带着狼、羊和大白菜继续赶路了。

按题意，其中{狼羊}、{羊菜}以及{狼羊菜}都是不可以出现的，同时，{人}、{人狼}以及{人菜}也不会出现。每种状态之间的转换都是通过旅行者驾船往返河的两岸完成的，旅行者过河时必然会带走狼、羊、大白菜中的一件。

如图26-2所示，用上述10种可能的状态作为顶点，如果两种状态之间可以转换，就在这两种状态之间连接一线段，称为边。

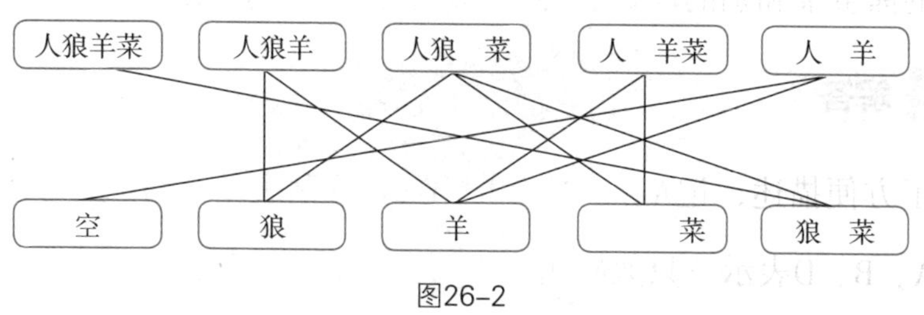


图26-2

例如在{人狼羊菜}的状态，人可以带走羊，转换为{狼菜}，就在{人狼羊菜}和{狼菜}之间连一线段；再如在{人狼菜}的状态，人可以独自离开，转换为{狼菜}，也在{人狼菜}和{狼菜}之间连一线段。

这样，问题就转化为如何在图26-2上找到一个连接{人狼羊菜}和{空}这两个顶点之间的路线。

一共可以找出两条符合条件的路线。其中的一条路线如图26-1所示，另一条路线为：{人狼羊菜}→{狼菜}→{人狼菜}→{菜}→{人羊菜}→{羊}→{人羊}→{空}（如图26-3）。

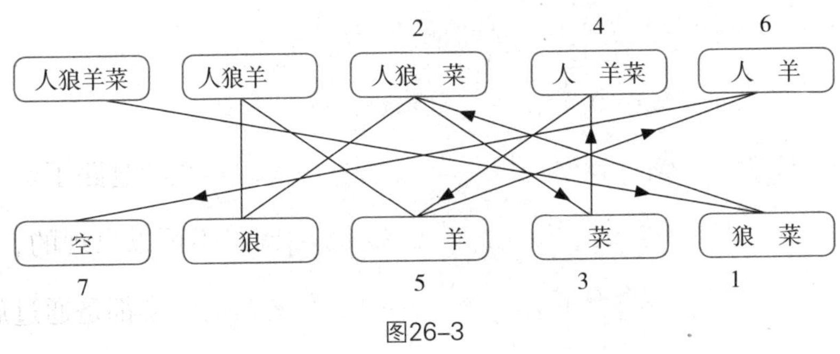


图26-3

**例题26.2** 三只小熊和它们的妈妈要过河，只有一条小船，小船每次只能坐两只熊，所有的熊都会划船。除非自己在场，三只熊妈妈都不放心自己的熊宝宝和别的熊妈妈在一起。请问：它们应该如何过河呢？

## 解答

为了方便描述，记A和a、B和b、D和d分别表示三对熊母子。其中大写字母A、B、D表示三只熊妈妈，小写字母a、b、d表示三只熊宝宝。

第1步：如图26-4所示，首先让两只熊宝宝（a、b）划船过河，A、B、D、d在河岸。

第2步：让a划船返回。这时，b在对岸，A、a、B、D、d在河岸。

第3步：让a、d划船过河。这时，a、b、d在对岸，A、B、D在河岸。

第4步：让a划船返回。这时，b、d在对岸，A、a、B、D在河岸。

第5步：让两只熊妈妈B、D划船过河。这时，B、b、D、d在对岸，A、a在河岸。

第6步：让一对熊母子（D、d）划船返回。这时，B、b在对岸，A、a、D、d在河岸。

| | 河岸 | 河 | 对岸 |
| --- | --- | --- | --- |
| 初始状态 | {AaBbDd} | | |
| 第1步　过河 | {A B Dd} | {a b}→ | {a b} |
| 第2步　返回 | {AaB Dd} | ←{a} | {b} |
| 第3步　过河 | {A B D} | {a d}→ | {a b d} |
| 第4步　返回 | {AaB D} | ←{a} | {b d} |
| 第5步　过河 | {Aa} | {B D}→ | {BbDd} |
| 第6步　返回 | {Aa Dd} | ←{D d} | {Bb} |
| 第7步　过河 | {a d} | {A D}→ | {A BbD} |
| 第8步　返回 | {a b d} | ←{b} | {A B D} |
| 第9步　过河 | {a} | {b d}→ | {A BbDd} |
| 第10步　返回 | {Aa} | ←{A} | {BbDd} |
| 第11步　过河 | | {A a}→ | {AaBbDd} |

图26-4

第7步：让两只熊妈妈A、D划船过河。这时，A、B、b、D在对岸，a、d在河岸。

第8步：让熊宝宝b独自返回。三只熊妈妈A、B、D在对岸，三只熊宝宝a、b、d在河岸。

第9步：让其中的两只熊宝宝（b、d）划船过河。A、B、b、D、d在对岸，只有a在河岸。

第10步：让A划船返回。A、a在河岸，其他熊B、b、D、d都在对岸。

第11步：一对熊母子A、a划船过河，所有熊都到达对岸，任务完成。

**例题26.3** 我方和敌方各两名军事人员同到某一现场视察，途中经过一条河，河上无桥，只有一条小船，每次最多能载两个人。为了安全起见，敌我双方同时在场时，我方人员不能少于敌方人员。已知所有人都能划船，船过一次河需要10分钟，请问：最少多少时间才能完成渡河任务？

## 解答

记(a,b)为同时在一处的敌我双方人员，a为我方人数，b为敌方人数；又记L(a,b)为未完成渡河的人员，R(a,b)为完成渡河的人员。

按题意，L(1,2)和R(1,2)不符合条件，应排除。这样，L(1,0)和R(1,0)也不可能存在，也要排除。L(0,0)和R(0,0)这两种状态，无操作的意义，不考虑。

敌我双方有意义的人员组合如下：

L(2,2)　L(2,1)　L(2,0)　L(1,1)　L(0,1)　L(0,2)

R(2,2)　R(2,1)　R(2,0)　R(1,1)　R(0,1)　R(0,2)

如图26-5所示，敌我双方人员在河两岸的状态可以相互转化。例如：小船一次最多载二人，L(2,2)可以转换为R(2,0)或R(0,2)或R(1,1)或R(0,1)。当两岸的状态可以互相转化时，就在这两种状态之间连接一条线段，称为边。

连接L(2,0)、L(0,1)、R(2,0)、R(1,0)的边的条数为1，可以将这4个顶点排除掉，简化后的图如26-6所示，图中还标出了每个状态距离L(2,2)的最少转换次数。

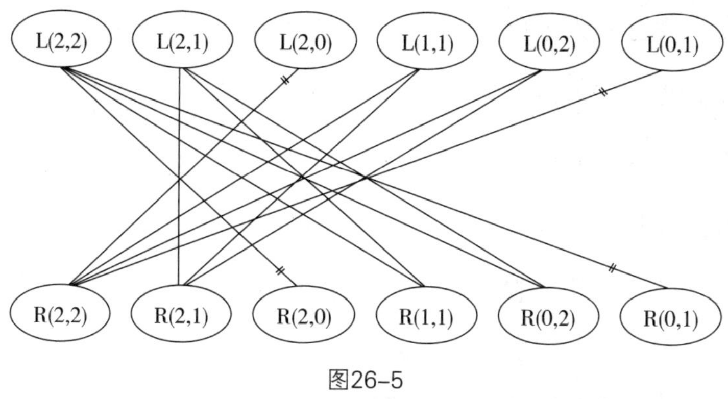


图26-5

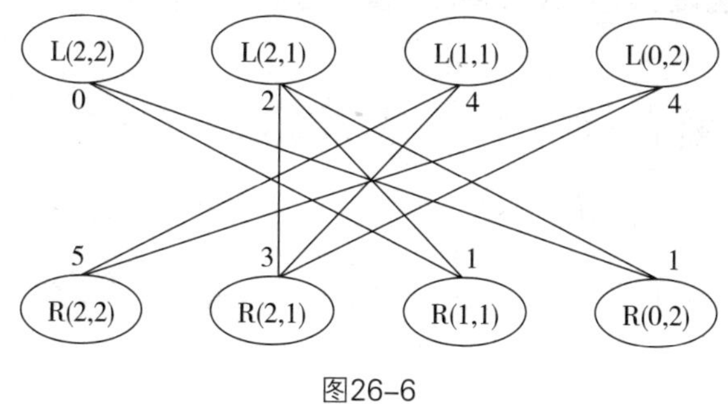


图26-6

这样，问题将转化为如何在图26-6中找到一条连接顶点L(2,2)和R(2,2)之间的最短路线。

可以找出4种不同的渡河方案：

（1）L(2,2)→R(1,1)→L(2,1)→R(2,1)→L(1,1)→R(2,2)

（2）L(2,2)→R(1,1)→L(2,1)→R(2,1)→L(0,2)→R(2,2)

（3）L(2,2)→R(0,2)→L(2,1)→R(2,1)→L(1,1)→R(2,2)

（4）L(2,2)→R(0,2)→L(2,1)→R(2,1)→L(0,2)→R(2,2)

以线路（1）为例，解读如下。

第1步：首先安排敌我双方各一人渡河。

第2步：我方一人返回。

第3步：我方两人渡河。

第4步：我方一人返回。

第5步：敌我双方各一人渡河，任务完成。

因为往返5次划船，整个渡河行动最少需要50分钟。

## 习题二十六

**第1题** 聪聪请一群小朋友喝汽水，他身上带了75元钱。他来到小商店，发现某品牌汽水的价格为3元钱每瓶，该品牌正在搞促销活动，只要能提供5个空瓶子就可以领取1瓶汽水。聪聪最多能请小朋友喝多少瓶汽水？

**第2题** 有17人要到河对岸去，只有一条小船，小船每次最多只能载5人，从河的一岸划到另一岸需要5分钟，请问：至少需要多少分钟才能使全部人到达对岸？

**第3题** 牧童骑着牛赶牛过河，他共有4头牛，黄牛游过河需要1分钟，红牛游过河需要2分钟，黑牛游过河需要7分钟，花牛游过河需要8分钟。牧童每次过河都需要骑着牛，骑着一头游得快的牛可以再赶一头游得慢的牛过河。这个聪明的孩子要把这4头牛赶到河对岸，最少需要多少分钟？

**第4题** 一个猎人，带着一只猎狗和两只羊羔要过一条河。没有桥，只有一条船，猎人负责摇船，船太小，一次只能载一只狗或一只羊。可是，当猎人不在的时候，猎狗就会咬死羊羔。请问：猎人应该怎样做才能安全过河？

**第5题** 3个商人带着3个强盗过河，过河的工具只有一艘小船，只能同时载两个人，包括划船的人。只要强盗的数量超过商人的数量，强盗就会联合起来抢夺商人的财物。问：应如何设计过河顺序，才能让所有人都安全地到达河的另一边?

**第6题** 现有大狮子、小狮子、大老虎、小老虎要过河，均不会游泳，但都会划船。岸边只有一条船，且每次最多只能乘2只动物，当大狮子不在时，小狮子会被大老虎吃掉。当大老虎不在时，小老虎会被大狮子吃掉。怎样才能确保所有动物安全渡河过去?

**第7题** 爸爸和妈妈各重150磅，他们有两个孩子，两个孩子的体重之和为150磅。这一家人要过河，河上只有一条小船，小船只允许载150磅。请问，他们应该如何安全过河?

**第8题** 如下图所示，坑道里只有一个凹洞，允许两个人在此左右交换位置。现在左边的4个矿工（空心圆圈表示）和右边的4个矿工（实心圆圈表示）在坑道中相向而行并途中相遇。请问：应该如何调度保证他们能顺利通过并继续按原方向而行？

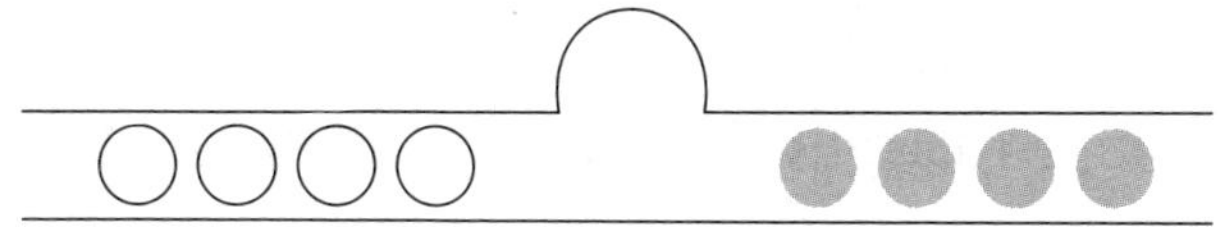

# 27 韩信分油

# 状态转移的解决方案

韩信是中国历史上的杰出军事家，他小时候便爱动脑筋，聪慧过人。民间传说中，除了“韩信点兵”以外，还流传着一则韩信分油的故事。

年轻的韩信骑马经过一个热闹的街市。街上围了一圈人，有两个人正在为分油向路人求助。他们有10升油，装在一个容积为10升的油篓里，还有一个空油罐和一个空葫芦，油罐的容积为7升，葫芦的容积为3升。两个人准备把油篓里10升油平分以后就各奔东西。因为缺5升的容器，油在油罐和油篓间颠来倒去，总是不能令双方满意，只能当街求助。韩信骑在马上想了想，对卖油人说：“葫芦归罐，罐归篓，把油平分了，快回家去吧。”

按照口诀，两个人重新再分，果然成功了。

**例题27.1** 在韩信分油的故事中，按韩信的分油口诀“葫芦归罐，罐归篓”顺利地实现了准确平分油品。他们是如何操作的？

**解答**

如表27-1所示，韩信的分油口诀中，“葫芦归罐”指的就是前6步，葫芦被倒满油，然后再倒入到油罐中，注意第6步时，因为油罐里已经有了6升油，这时，再将葫芦中的油倒入油罐，油罐倒满时，葫芦里还余下2升油。

表27-1

| 步骤 | 0 | 1 | 2 | 3 | 4 | 5 | 6 | 7 | 8 | 9 | 10 |
|---|---|---|---|---|---|---|---|---|---|---|---|
| 10升油篓 | 10 | 7 | 7 | 4 | 4 | 1 | 1 | 8 | 8 | 5 | 5 |
| 7升油罐 | 0 | 0 | 3 | 3 | 6 | 6 | 7 | 0 | 2 | 2 | 5 |
| 3升葫芦 | 0 | 3 | 0 | 3 | 0 | 3 | 2 | 2 | 0 | 3 | 0 |

“罐归篓”指的是关键的第7步，将油罐里的7升油全部倒入油篓，获得宝贵的8升油。

因为葫芦的容量为3升，只要量出了8升油，分油的工作就算基本完成了。

仔细观察表27–1，分油的过程中，3升的葫芦是最小的量器，操作的次数最多，“葫芦归罐”，葫芦起的作用最大；并且，“罐归篓”，7升的油罐在取得关键的8升油的步骤中厥功至伟；最后一点，必须倒满或者倒空容器（油罐和葫芦），才能准确地计算出操作的油量或者容器中剩余的油量。

**例题27.2** 现有一个12品脱的酒瓶里装满了葡萄酒，另外有8品脱和5品脱的空酒瓶各一个。如何用较少的步骤分出6品脱的酒来？（法国泊松分酒问题）

## 解答

品脱是西方国家曾广泛采用的容量单位，在英国和美国，品脱代表着不同的容量。1品脱为500～600毫升。

韩信分油和泊松分酒还可以借助于丢番图方程的解，寻找问题的解决方案。

假设8品脱酒瓶被倒空或者倒满的次数为$x$，5品脱酒瓶被倒空或者倒满的次数为$y$，这样，列出方程：

$$8x+5y=6$$

简化后，有

$$8x+5y-6=0$$

整理后，得

$$2x+y-1=\frac{2}{5}x+\frac{1}{5}$$

记$t=\frac{2}{5}x+\frac{1}{5}$，显然，$t$也是整数，对该式进行整理后，有

$$3t-x=\frac{1}{2}(t+1)$$

再记$s=\frac{1}{2}(t+1)$，这样，$s$也是整数，综合以上，可以求得

$$\begin{cases} x=5s-3 \\ y=6-8s \end{cases}$$

为了减少操作的次数，要求$x$和$y$的绝对值之和尽可能地小。

当$s=1$时有最优解，$x=2$，$y=-2$。

对这组方程解的解读：将8品脱酒瓶中的酒倒入到5品脱的酒瓶中，即可得到3品脱的酒，连续操作两次，就可以得到6品脱的酒（见表27–2）。

表27–2

| 步骤 | 0 | 1 | 2 | 3 | 4 | 5 | 6 | 7 |
|---|---|---|---|---|---|---|---|---|
| 12品脱酒瓶 | 12 | 4 | 4 | 9 | 9 | 1 | 1 | 6 |
| 8品脱酒瓶 | 0 | 8 | 3 | 3 | 0 | 8 | 6 | 6 |
| 5品脱酒瓶 | 0 | 0 | 5 | 0 | 3 | 3 | 5 | 0 |

**例题27.3** 有一个装满油的8升容器，另有5升及3升的空容器各一个，且三个容器都没有刻度，试将此8升油分成两个4升油。（分油问题）

## 解答

分油问题涉及状态的转移，结合韩信分油和泊松分酒两个问题的讨论，可以总结出状态转移的一般性规律：相邻的两种状态之间涉及一次有效操作，所谓的有效操作是指将一容器的油（酒）倒入另一容器，必须将该容器的油（酒）倒空，或者将另一容器中的油（酒）倒满。

如图27-1所示，这是分油问题的状态转移树状图，记初始状态为(8,0,0)，代表8升容器装满了油，5升和3升容器都是空的，操作次数写作0；目标状态为(4,4,0)，表示8升容器和5升容器中分别装了4升的油。

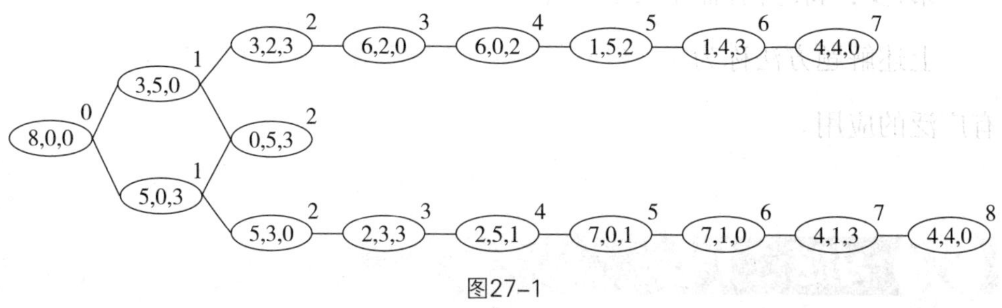

图27-1

相邻状态之间有一条边连接，所谓的相邻状态是指两种状态可以由一次有效操作进行相互转换。

圆圈内为状态值，圆圈外的数为该状态与初始目标之间的最少操作次数。

例如状态为(8,0,0)时，有两种有效操作：将5升的容器装满，相邻状态变为(3,5,0)；将3升的容器装满，相邻状态变为(5,0,3)。

再如状态为(6,2,0)时，如果将5升容器中的油（2升）倒入8升的容器，转化为状态(8,0,0)，但状态(8,0,0)不能通过一次的有效操作转化为状态(6,2,0)，因此这两种状态不属于相邻状态。

根据图27-1可以看到，通过7步（或者8步）有效操作就能完成分油。以7步操作的方案为例，具体的操作方案如下。

第1步：用8升容器中的油将5升容器倒满。

第2步：用5升容器中的油将3升容器倒满。

第3步：将3升容器中的油全部倒入8升容器中。

第4步：将5升容器中的油全部倒入3升容器中。

第5步：用8升容器中的油将5升容器倒满。

第6步：用5升容器中的油将3升容器倒满。

第7步：将3升容器中的油全部倒入8升容器中，分油任务完成。

上述解题方法称为状态转移算法，状态转移算法在人工智能技术中具有广泛的应用。

## 习题二十七

**第1题** 一只水桶，可装12杯水。还有两只空桶，容量分别为9杯和5杯。请问：如何把水桶的水分成相等的两份？（选自俄罗斯别莱利曼的《趣味几何学》）

**第2题** 现有140g食盐，还有一架天平，但只有两个砝码，分别是7g和2g。请问能否准确地从140g食盐中分出一袋50g的食盐？请详细描述你的解决方案。

**第3题** 现有质量分别为9克和13克的砝码若干只，要在天平上称出质量为3克的物体，最少要用几只砝码？（注意：只允许一次称量）

**第4题** 现有质量分别为5克和23克的砝码若干只，要在天平上称出质量为4克的物体，最少要用多少只砝码才能称出？并说明你的结论。（注意：只允许一次称量）

**第5题** 一个米贩到市场上卖米，他带了若干袋米和两个容器，一个容器能准确地量出7升米，另一个容器能准确地量出3升米。有一个顾客要求买5升米，有办法卖给他吗？

**第6题** 明明为了做试验，需要3升水。可是，他只能找到两个容器，一个是5升的，另一个是6升的。如果没有办法找到其他装水的容器，你有办法让他得到3升水吗？

**第7题** 一个水桶装满了12斤水，还有两个空桶，容量分别为7斤和5斤，如何准确地把大水桶的水分成两半？

**第8题** 有一个装满酒的14升的容器，另外有一个5升和一个9升的空容器，要把酒准确地平分，该如何办？

# 28 阵列变换

# 小游戏蕴含大问题

古希腊数学家丢番图的《算术》第Ⅱ卷第8命题为“将一个平方数分为两个平方数之和”，也就是求方程$x^2+y^2=z^2$的整数解，实际上就是求勾股数，例如最有名的一组勾股数就是3、4、5，满足$3^2+4^2=5^2$。

1637年前后，法国数学家皮埃尔·费马（1601—1665）在研读《算术》的拉丁文译本（1621年由法国数学家贝切特在巴黎翻译并出版），在该题所在页的空白处写下了一则著名的简短注释：

然而，你却不可能把一个立方数写成两个立方数之和，也不可能把一个四次幂数分为两个四次幂数之和。而且，任何一个高于二次幂的数都不能写成两个同次幂的数之和。对于这个问题，我已经发现了一个巧妙的证明，可惜，这里的空白太小，写不下。

这段注释引出了著名的费马大定理：用现代的数学语言描述，即当整数$n>2$时，方程$x^n+y^n=z^n$没有整数解。

费马大定理的特点是数学意义清晰容易理解，但是它的证明却无比困难。费马大定理被提出后的300多年以来，无数顶尖的数学家在它的面前无功而返，一直到1995年，才被英国数学家安德鲁·怀尔斯彻底证明。

费马大定理与勾股数问题相关，而勾股数问题与特殊阵列的变换问题相关。显然，如图28-1所示，对于5×5的正方形点阵（简称方阵）可以变换成为两个较小的方阵，即4 × 4的方阵和3 × 3的方阵。

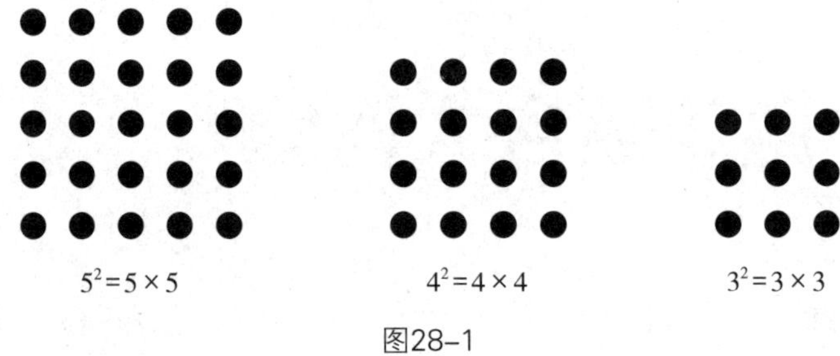


图28–1

对于任意的两个自然数$m$和$n$，$m>n$，有如下的代数恒等式成立：

$$(m^2-n^2)^2+(2mn)^2=(m^2+n^2)^2$$

**例题28.1** 某学校举办运动会。体操表演时，老师组织学生刚好排成一个3层的空心方阵，最外层的人数是56人，请问：这个体操方阵一共有多少名学生？是否能转换成一个实心方阵？

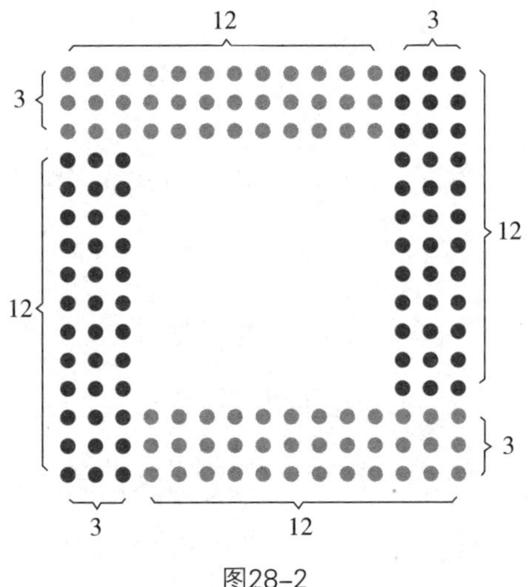


图28–2

**解答**

假设这个空心方阵是$n\times n$方阵，那么，这个方阵最外层的学生人数为$4\times(n-1)=56$，即$n=15$。

如图28-2所示，空心方阵中的学生人数为$4\times(15-3)\times3=144$（名），$12\times12=144$，因此，这个空心方阵可以转换成$12\times12$的实心方阵。

**例题28.2** 育新学校举办运动会。体操表演时，老师组织学生排成一个$13\times13$的方阵，现在要求这个方阵在表演时能拆分成两个小方阵，应该如何设计这两个小方阵的大小呢？

**解答**

根据代数恒等式$(m^2-n^2)^2+(2mn)^2=(m^2+n^2)^2$，对整数$13^2$进行分拆。

假设整数$m$和$n$，$m>n$，$m^2+n^2=13$，且$(m^2-n^2)^2+(2mn)^2=13^2$。

显然，$2mn<13$，那么$mn\leqslant6$。可以用排列组合的方式进行穷举验证，发现当$m=3$，$n=2$时，有$3^2+2^2=13$，符合条件。

$$m^2-n^2=3^2-2^2=5，2mn=2\times3\times2=12，5^2+12^2=13^2$$

也就是说，一个$13\times13$的大方阵可以拆分成$5\times5$和$12\times12$两个小方阵。

**例题28.3** 国庆节时，要求在广场上用72盆花摆放出两个数量相等但形状不同的三角形阵列（简称三角阵），应该如何设计呢？

## 解答

用72盆花摆放出两个数量相同的三角阵，那么每个三角阵的花盆数量为36。

答案如图28-3所示：36盆花可以摆放成每层为1，3，5，7，9，11的三角阵，还可以摆放成每层为1，2，3，4，5，6，7，8的正三角阵。

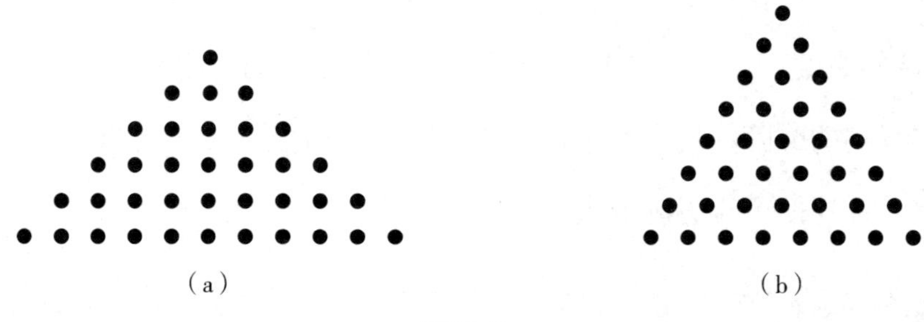


图28-3

**例题28.4** 四年级学生分成两队参加学校广播操比赛，他们排成甲、乙两个方阵，其中甲是8×8的方阵。如果两队合并，可以排成一个空心的丙方阵，丙方阵最外层每边的人数比乙方阵最外层每边的人数多4人，甲方阵的人数恰好填满丙方阵的空心部分。请问：四年级参加广播操比赛的人数一共有多少？

## 解答

如图28-4所示，甲方阵的人数恰好可填满丙方阵的空心部分。

假设丙方阵有$n$层，那么丙方阵的人数为$4(n^2+8n)$。

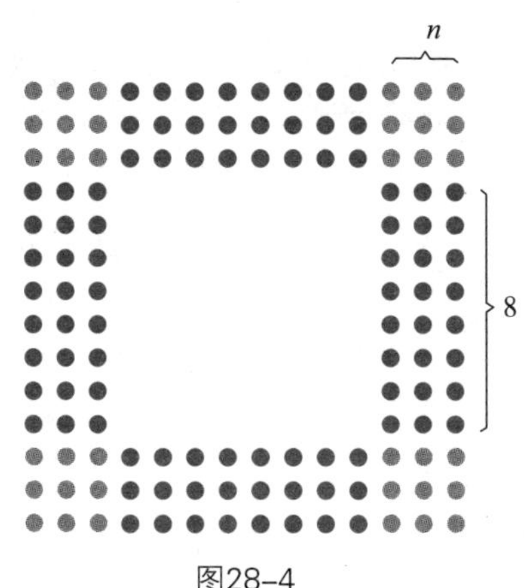

图28-4

假设乙方阵是$m\times m$方阵，按题意有

$$\begin{cases} m^2+8^2=4(n^2+8n) \\ 2n+8-m=4 \end{cases}$$

整理后，得

$$\begin{cases} m^2-4n^2-32n+64=0 \\ m=2n+4 \end{cases}$$

将方程组中的第二个方程代入到第一个方程，得

$$(2n+4)^2-4n^2-32n+64=0$$

化简后得 $$80-16n=0$$

解得 $$n=5$$

也就是说，丙方阵每边有$2\times5+8=18$（人），乙方阵每边有$2\times5+4=14$（人），即四年级参加广播操比赛的学生有$8^2+14^2=260$（人）。

# 习题二十八

**第1题** 若干名同学站成一个$15 \times 15$的方阵，请问：这个方阵最外层一共有多少人？

**第2题** 某学校举行团体操表演，想排成6层的空心方阵，现有360人参加，请问最外层和最里层各安排多少人？

**第3题** 聪聪用围棋子摆成一个三层空心方阵，如果最外层每边有棋子15个，摆这个三层空心方阵一共用了多少个棋子？

**第4题** 有若干名士兵排成奇数层的空心方阵，外层共有68人，中间一层共有44人，则该方阵士兵的总人数是多少？

**第5题** 用64枚棋子摆成一个两层空心方阵，如果想在外围再增加一层，请问需要增加多少枚棋子？

**第6题** 要在一块边长为48米的正方形地里种树，每横行相距3米，每竖列相距6米，已知四个角都种了一棵树，请问：一共可种多少棵树？

**第7题** 聪聪把平时节省下来的全部五分硬币先围成一个实心的正三角形，正好用完，后来又改围成一个实心的正方形，也正好用完。请问：聪聪所有五分硬币的价值至少为多少？

**第8题** 参加中学生运动会团体操比赛的运动员排成了一个正方形方阵。如果这个正方形方阵减少了2行和2列，而减下来的人恰好又组成了一个略小一些的方阵。问参加团体操表演的运动员最少有多少人？

# 29 染色法

# 分类展示对象的关系

在数学研究中，把问题的研究对象恰当分类，然后对各个类别进行染色，直观地进行观察，分析出研究对象的各类关系，达到解决问题的目的，这种方法称为染色法。

**例题29.1** 如图29-1所示，这是一个中国象棋的棋盘，根据规则，“马”只能走“日”字。在空棋盘上最右下方（点A）摆一个棋子“马”，小明想设计出一条路线，让“马”不重复地跳遍棋盘上所有的点，最后跳到棋盘的最右上方（点B）。请问：小明的想法能够实现吗？

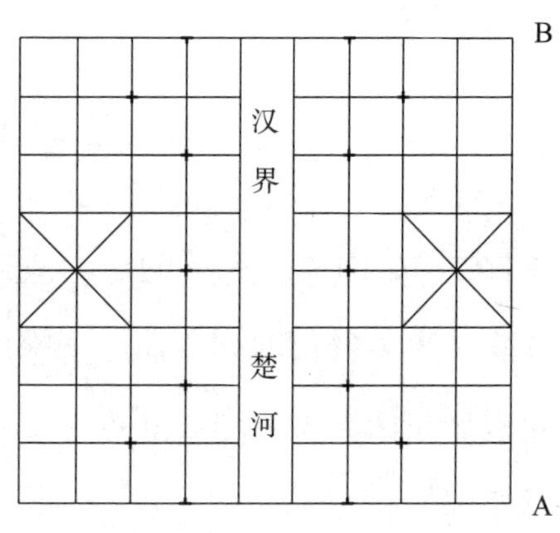


图29-1

## 解答

中国象棋的棋盘是一个9×10的表格，共有90个交叉点，如图29-2所示。

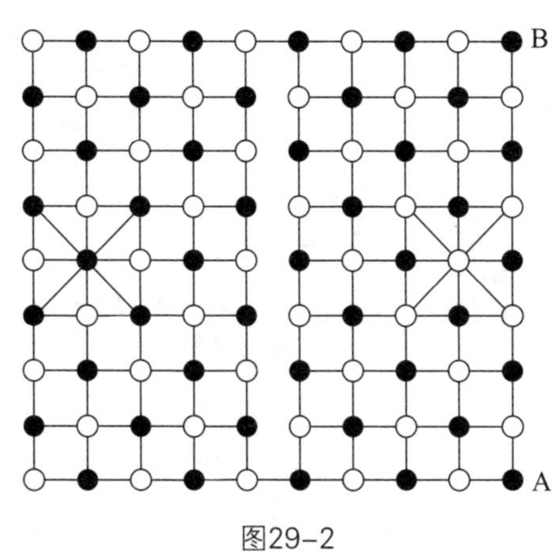

图29-2

将棋盘最右下方的点A染成黑色，“马”走“日”字，将从这个点能跳到的点染成白色。然后，再将“马”下一步能跳到的点染成黑色，依次类推。

最后，棋盘上所有的点都染色，这是一个黑白相间的图，最右上方的点B是黑色。棋盘上的黑色的点与白色的点各有45个，数量相等。

如果棋子“马”从点A出发，不重复地跳遍所有的点，最后跳到点B，它的路线将是黑白交替，“黑→白→黑→……→黑→白→黑”，黑色的点比白色的点多1个。

也就是说，小明的想法不可能实现。

**例题29.2** 如图29-3所示，一次大型的车展将展馆分割成5×8的网格。共用一面墙的两个展室称为相邻展室，相邻展室之间的墙上都有门相通。为了方便管理，展馆规定了入口和出口。一个参观者希望从入口进去，不重复地参观完所有的展室，再从出口离开。他能够实现愿望吗？

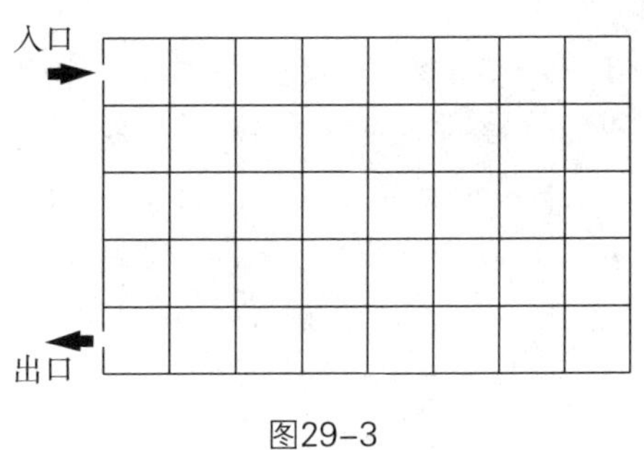

图29-3

## 解答

不重复参观的意思就是每个展室只能进入一次。

将展馆的展室按黑白相间的方式进行染色。入口处的第1个展室染成白色，再将它的相邻展室都染成黑色，依次类推。最后，黑色和白色的展室各有20个。如图29-4所示。

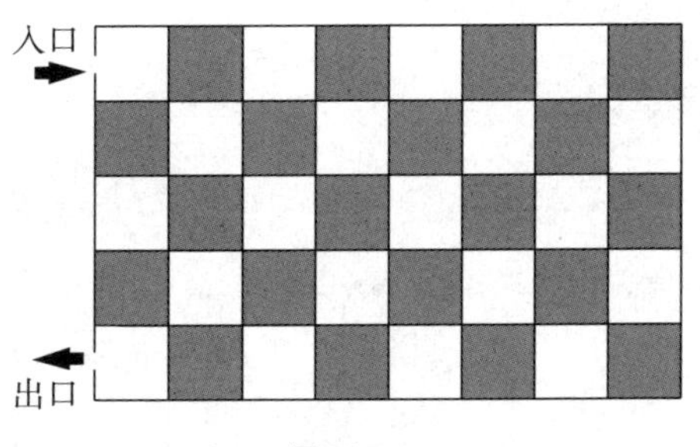

图29-4

如果一个参观者从入口进去，不重复地参观完所有的展室，最后从出口离开，参观者的参观路线将是“白→黑→……→白→黑→白”，白色的

比黑色的展室多出1个。

因此，参观者的愿望无法完成。

**例题29.3** 如图29-5所示，这张图由18个彼此相等的小正方形组成。那么，它是否可以剪成9个小长方形？每个小长方形都由两个小正方形构成。请说明原因。

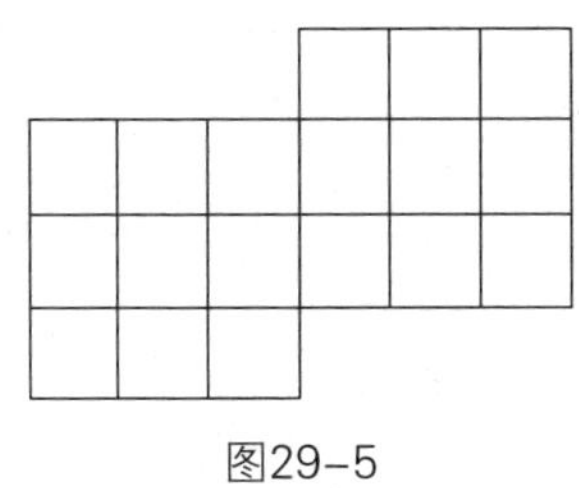

图29-5

**解答**

将整张图进行染色。右上角的小正方形染成黑色，再将与它有公共边的小正方形染成白色，构成黑白相间的图案。有公共边的相邻小正方形的颜色不同。依次类推。最后，黑色的小正方形有10个，白色的小正方形有8个。如图29-6所示。

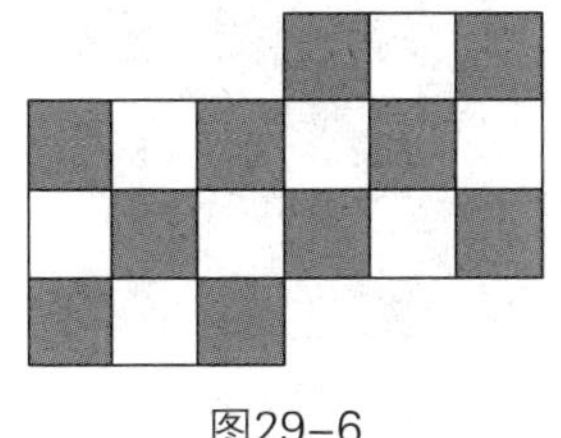

图29-6

我们把1×2的小长方形放在这张图上，它的两个小正方形一黑一白。

如果能够将整张纸剪成9个小长方形，一共会出现9个黑色小正方形，9个白色的小正方形。

因此，不可能剪成。

**例题29.4** 如图29–7所示，用5个和4个拼成一个6×6的大正方形是否可行？（每个小正方形彼此相等）

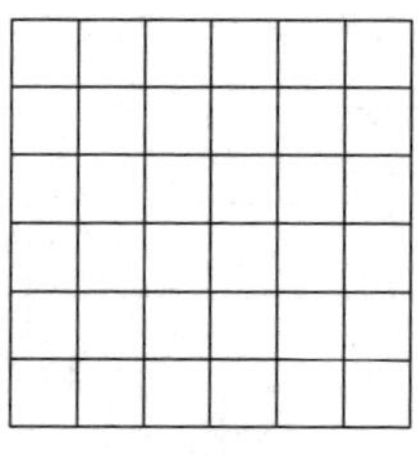

图29–7

## 解答

对6×6的大正方形中的小正方形进行染色，使得相邻的小正方形分别是黑色和白色，构成黑白相间的图案，如图29–8所示。最后，得到了18个黑色的小正方形，18个白色的小正方形。

图29–8

① 将占据3个黑色的小正方形、1个白色的小正方形，或者

占据3个白色的小正方形、1个黑色的小正方形。这样的图形共有5个，奇数累加了奇数次，得到的仍然是奇数。

② 将占据2个黑色的小正方形、2个白色的小正方形。这样的图形共有4个，偶数累加了偶数次，得到的仍然是偶数。

综合以上分析，说明5个和4个无法拼成6 × 6的大正方形。

**例题29.5** 用9个1 × 4的长方形（）能否拼成一个6 × 6的大正方形？如图29-9所示，每个小正方形都是相等的。

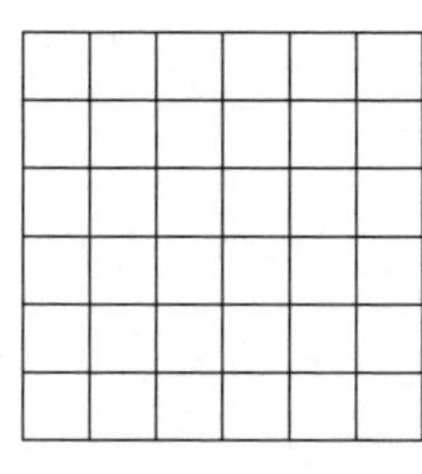

图29-9

## 解答

采用黑色、红色、灰色和白色4种颜色，对6 × 6的大正方形顺着对角线的方向进行染色，如图29-10所示。

图29-10

最后，得到9个黑色的小正方形，10个红色的小正方形，9个灰色的小正方形，8个白色的小正方形。

将1×4的小长方形无论放置在何处，均占据4种颜色。若使用它能无重叠地拼出6×6的大正方形，得到黑色、红色、灰色和白色的小正方形各9个。

综合以上分析，用1×4的小长方形无法拼成6×6的大正方形。

**例题29.6** 平面上有许多点，选择黑色和白色两种颜色，将所有的点染色。那么，一定存在同种颜色的三个点，其中的一个点是另外两个点的中点。为什么？

**解答**

在平面上，作一个三角形，它有3个顶点$A$、$B$、$C$，根据抽屉原理，一定有两个顶点属于同种颜色。不妨取点$A$、$B$为黑色。

延长$AB$至$D$，使得$BD=AB$。再延长$BA$至$E$，使得$EA=AB$。如图29-11所示。

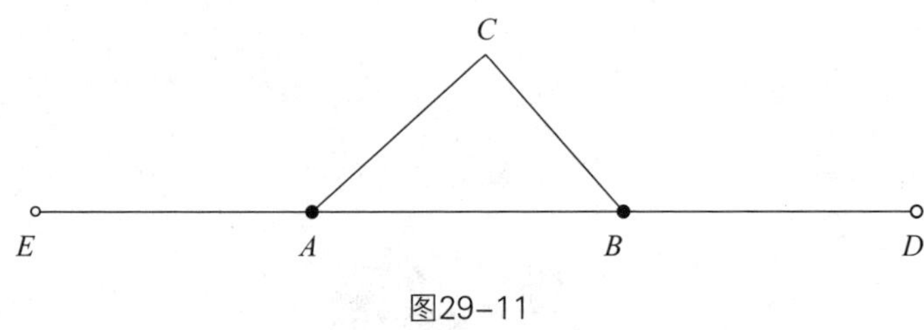


图29-11

① 点$D$和点$E$有一个是黑色。

已经找出黑色的三个点，其中的一个点是另外两个点的中点。

② 点$E$和点$D$都是白色的。如图29-12所示。

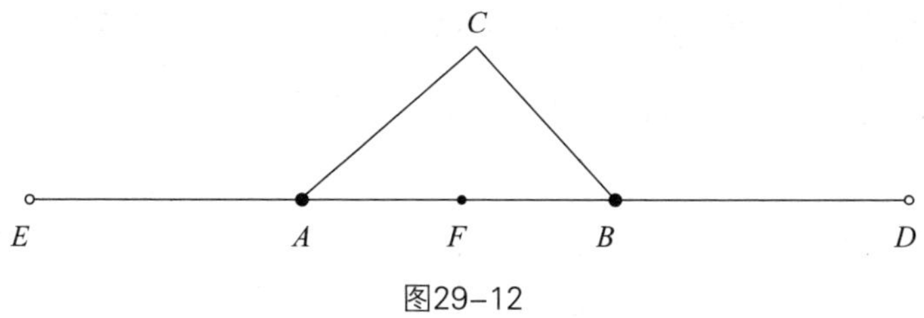


图29-12

取线段$AB$的中点$F$。显然，点$F$也是线段$ED$的中点。

如果点$F$是黑色的，那么找到了点$A$、$F$、$B$都是黑色的，点$F$是$AB$的中点。

如果点$F$是白色的，那么找到了点$E$、$F$、$D$都是白色的，点$F$是$ED$的中点。

综合以上分析，一定存在同种颜色的三个点，其中的一个点是另外两个点的中点。

**例题29.7** 在任意的6个人中，总有3个人彼此认识，或者3个人彼此都不认识。为什么？（选自1947年匈牙利全国中学生数学竞赛试题）

**解答**

介绍抽屉原理时，曾选这道题为例题。现在，用染色法进行证明。

将6个人标记为$A$、$B$、$C$、$D$、$E$、$F$六个点。从$A$点可以引出$AB$、$AC$、$AD$、$AE$、$AF$五条线段。若某两个人彼此认识，则将连接这两个点的线段染成红色；如果某两个人彼此不认识，就将连接这两个点的线段染成黑色。根据抽屉原理，5条线段至少有3条同色。不妨取$AB$、$AC$、$AD$为红色。

注意$BC$、$CD$和$BD$这三条线段有两种情况：

（1）$BC$、$CD$和$BD$中至少有一条线段是红色的。不妨取线段$BC$为红色。那么，$A$、$B$、$C$这三个人彼此认识，结论成立。如图29-13所示。

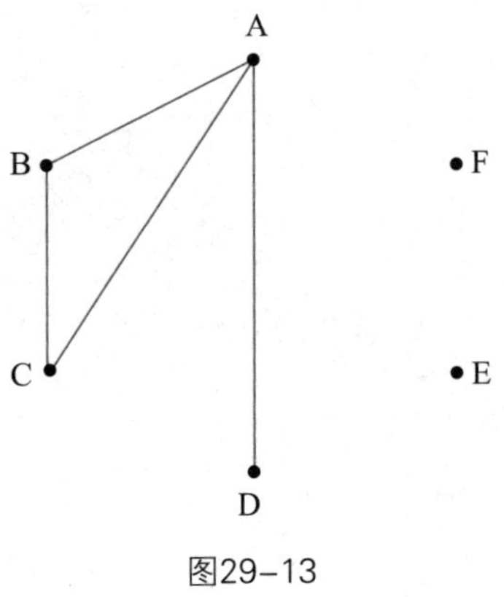

图29-13

（2）$BC$、$CD$和$BD$中没有一条线段是红色的。那么，$BC$、$CD$和$BD$都是黑色的，这说明$B$、$C$、$D$这三个人彼此不认识，结论也成立。如图29-14所示。

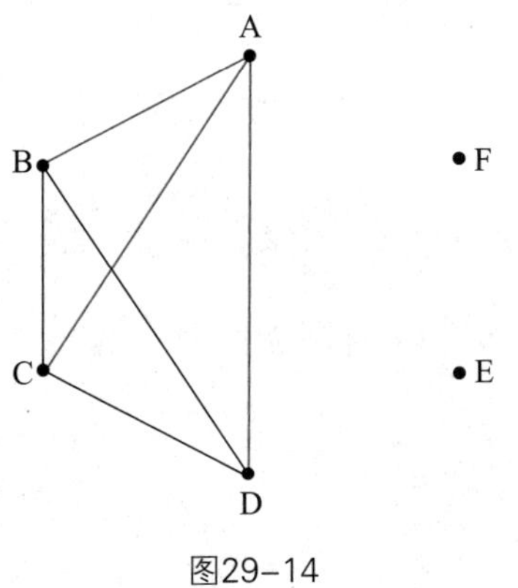

图29-14

## 习题二十九

**第1题**　学校的展览室各房间构成九宫格，如下图所示。相邻的两个展室有门相通。一个学生计划从展室A开始依次不重复地参观所有的展室，最后仍然回到展室A。他能完成这个计划吗？为什么？

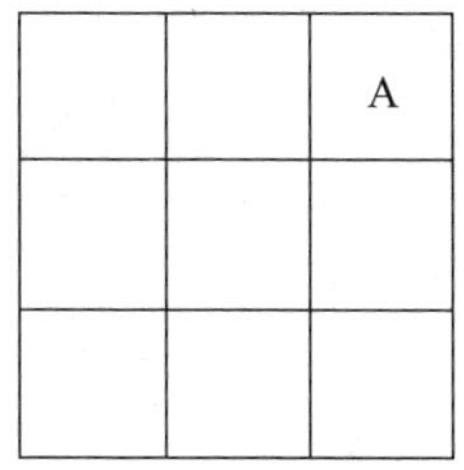


**第2题**　一年级10班有45名学生，分成5排，每排9人。每个同学的前后左右称为邻座。这个班每周调换一次座位。班主任设想让每个同学都和邻座互换座位，这个设想可以实现吗？

**第3题**　如下图所示，左侧图由4个小方格构成，是一个T形图案，右侧图是一个6×6的大正方形。请问：能否用9个T形图案拼成6×6的大正方形？（小正方形彼此相等）

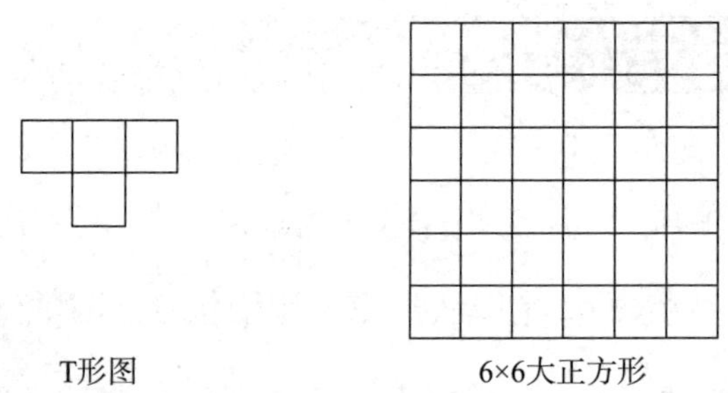

T形图　　6×6大正方形

**第4题**　如下图所示，是否可以用1个2×2的正方形和15个1×4的长方形拼出8×8的大正方形？（小正方形彼此相等）

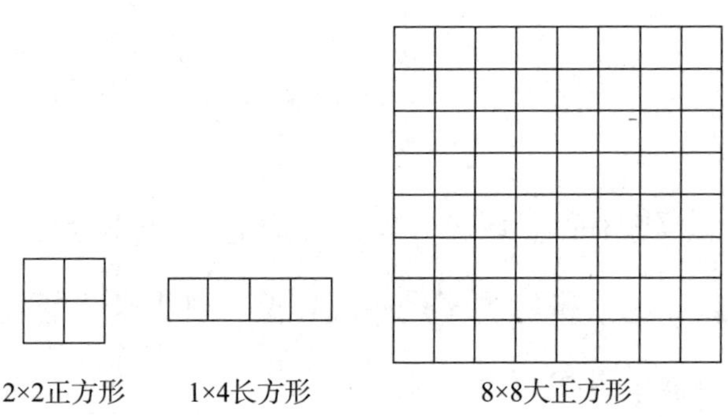

2×2正方形　　1×4长方形　　8×8大正方形

**第5题**　下图右侧的大图形共有40个小正方形，它能否被剪成20个1×2的长方形？（小正方形彼此相等）

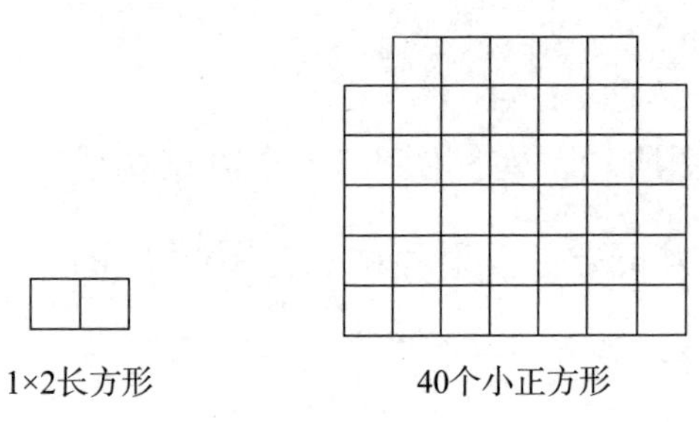

1×2长方形　　40个小正方形

**第6题** 将平面上的点染色，只能选择两种颜色：白色或者黑色。那么，平面上一定存在一个矩形，它的四个顶点要么都是黑色的，要么都是白色的。为什么？

**第7题** 两个三角形对应边成比例，称为相似三角形。将平面上的每个点染色，只能选择两种颜色：黑色或者白色。那么，一定存在两个三角形，它们是相似三角形，并且每个三角形的三个顶点同色。

**第8题** 有17位科学家，其中每一位都和其他科学家通信。在通信中，他们讨论了3个问题，但是两位科学家之间只谈1个问题。那么，至少有3位科学家彼此之间的通信中所谈的是同一个问题，为什么？

# 30 计算周长

## 平移法与周长公式

几何是研究形状大小、位置关系的学科，是数学研究的重要分支，研究几何不仅能培养抽象思维、逻辑思维，还能帮助解决人们日常生活中的问题。

“几何”这个词来自阿拉伯语，指土地的测量。中文中的“几何”最早出现在明代利玛窦（1552—1610）、徐光启（1562—1633）合译的《几何原本》中，由徐光启所创，并沿用至今。

由直线段围成的几何图形包括三角形、长方形、正方形、梯形等。围绕这些几何图形边缘的线段长度累加在一起，称为周长。一些几何图形的周长计算如下：

① 三角形的边长分别为$a$、$b$、$c$，周长为$L$，则$L=a+b+c$。

② 长方形的长和宽分别为$a$和$b$，周长为$L$，则$L=2(a+b)$。

③ 正方形的边长为$a$，周长为$L$，则$L=4a$。

④ 梯形的上底和下底分别为$a$和$b$，两个侧边为$c$和$d$，周长为$L$，则$L=a+b+c+d$。

**例题30.1** 如图30-1所示，正方形$ABCD$和正方形$CEFM$的边长分别是50厘米和20厘米。延长$AB$、$MF$，二者交于点$N$。请问：四边形$BEFN$的周长是多少？

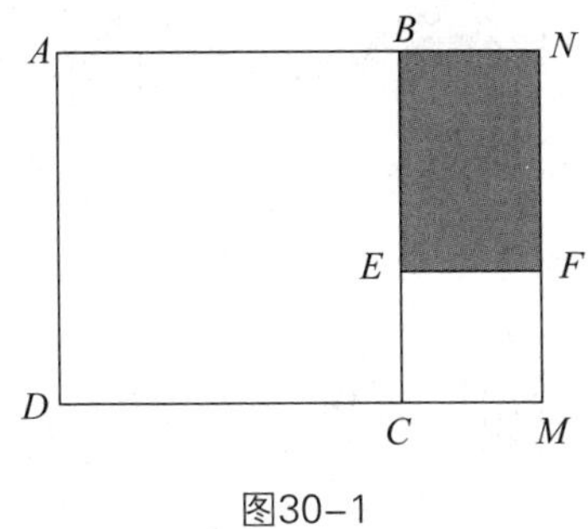


图30-1

## 解答

根据已知条件，四边形*BEFN*是长方形。

AD=BC=50（厘米） EC=20（厘米）

BE=BC−EC=50−20=30（厘米）

BN=EF=20（厘米）

2×(30+20)=100（厘米）

所以，四边形*BEFN*的周长是100厘米。

**例题30.2** 大长方形的右上角被挖出了一个小长方形，小长方形的长和宽分别是5米和3米，大长方形的长和宽分别是8米和5米。如图30-2所示。请问：阴影部分图形的周长是多少?

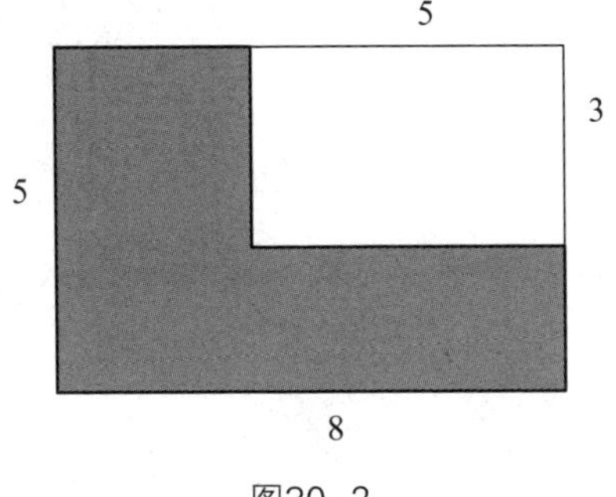


图30-2

## 解答

阴影部分的图形是一个不规则的图形，平移法是解决这类问题的主要方法。

应用平移法，可以看出阴影部分图形的周长恰好等于大长方形的周长。

$$2\times(5+8)=26（米）$$

所以，阴影部分图形的周长是26米。

**例题30.3** 如图30-3所示，图中的线段都是水平或者垂直的，阶梯部分的长度标注在图中（单位：米）。请问：阴影部分图形的周长是多少？

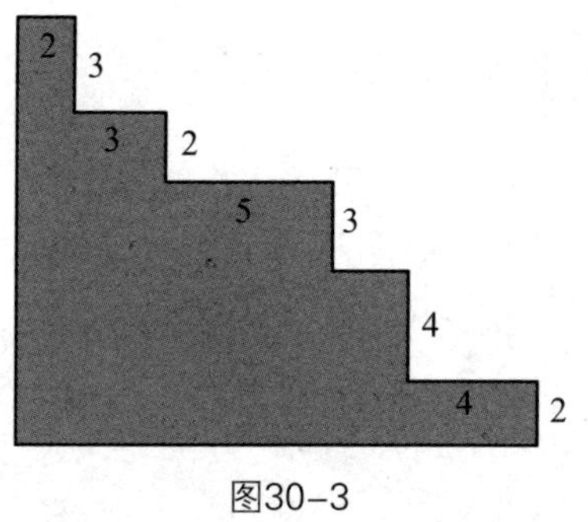

图30-3

## 解答

应用平移法。如图30-4所示，阴影部分图形的周长恰好等于大长方形的周长。

$$2+3+5+2+4=16（米）$$

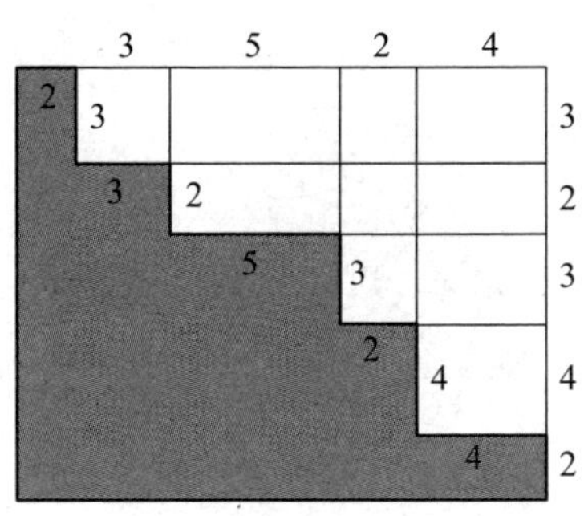

图30–4

$$3+2+3+4+2=14（米）$$

$$2\times(16+14)=60（米）$$

因此，阴影部分图形的周长是60米。

**例题30.4** 如图30–5所示，图中锯齿状的小线段或者与*AB*平行，或者与*BC*平行，每条小线段的长度都是2厘米。请问：这个图形的周长是多少？

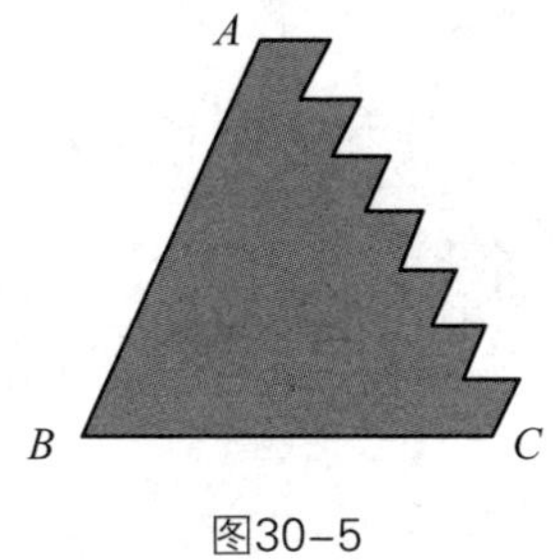

图30–5

## 解答

应用平移法。如图30–6所示，这个图形的周长恰好等于平行四边形*ABCD*的周长。

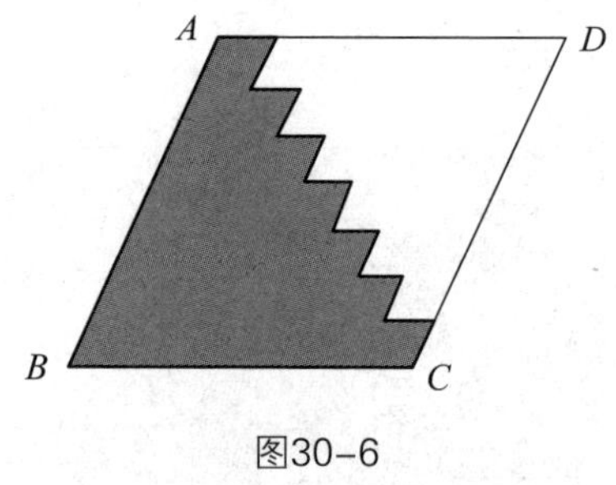

图30-6

平行四边形$ABCD$的边长AB=BC=2×7=14厘米。

因此，这个图形的周长是4×14=56厘米。

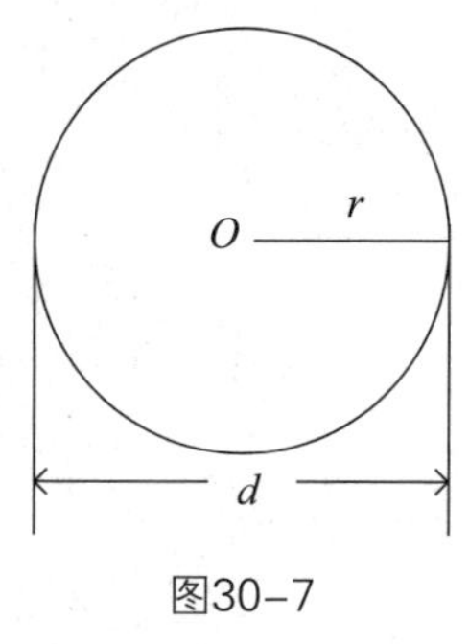

图30-7

圆周的长度称为圆的周长。一个圆的圆心为点$O$，直径的长度为$d$，半径的长度为$r$（图30-7所示），圆的周长为$L$。那么，$L=\pi d$或者 $L=2\pi r$。其中，$\pi$是圆周率，它是一个无理数。

在中国古代的数学著作《周髀算经》和《九章算术》中就提出了“径一周三”的说法，即圆周近似等于直径的三倍。此后，经过历代数学家的相继探索，推算出的圆周率数值日益精确。在南北朝时期，祖冲之（429—500）在前人探索的基础上，首次将“圆周率”精算到小数第7位。本书中，圆周率约定取3.14。

**例题30.5** 大圆的直径是$AC$，两个小圆的直径分别是$AB$和$BC$，如图30–8所示。已知：AB=10厘米，BC=4厘米，请问：阴影部分图形的周长是多少？

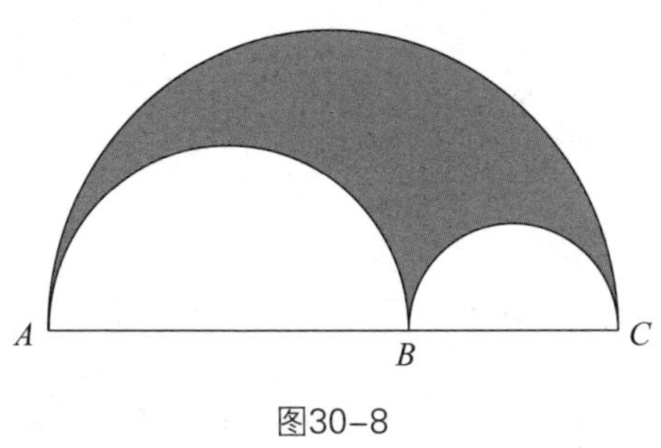

图30–8

## 解答

阴影部分图形由一个大的半圆去掉两个小的半圆构成。这三个半圆分别以$AC$、$AB$和$BC$为直径。求阴影部分图形的周长就等于三个半圆对应的半圆周的长度之和。

已知：AB=10（厘米），BC=4（厘米），则

$$AC=AB+BC=10+4=14\text{（厘米）}$$

$$即\frac{1}{2}\times 3.14\times(14+10+4)=43.96\text{（厘米）}$$

因此，阴影部分图形的周长为43.96厘米。

## 习题三十

**第1题** 两个长方形完全相等，长为9厘米，宽为5厘米，拼在一起，按下图所示。请问：拼成图形的周长是多少厘米？

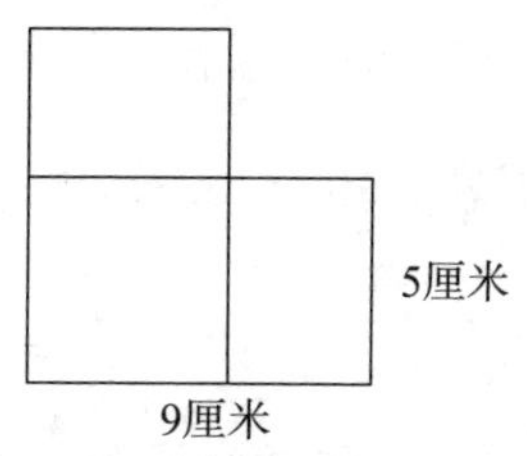


**第2题** 两个长方形拼成十字形图，共有5个大小相同的正方形，按下图所示。已知：长方形的周长是40厘米。请问：拼成图形的周长是多少厘米？

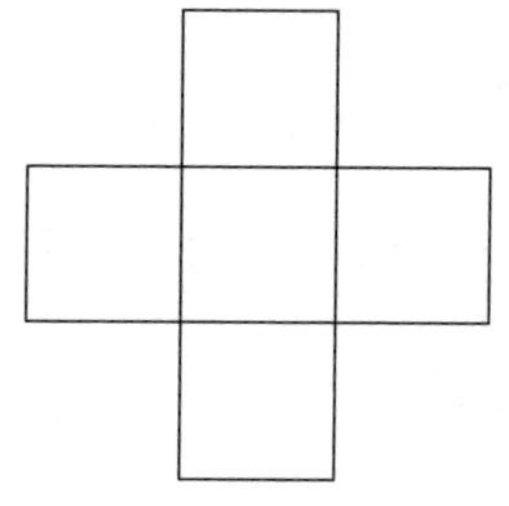

**第3题** 如下图所示，图中的线段都是水平或者垂直的，部分线段的长度标注在图中（单位：米）。请问：这个图形的周长是多少？

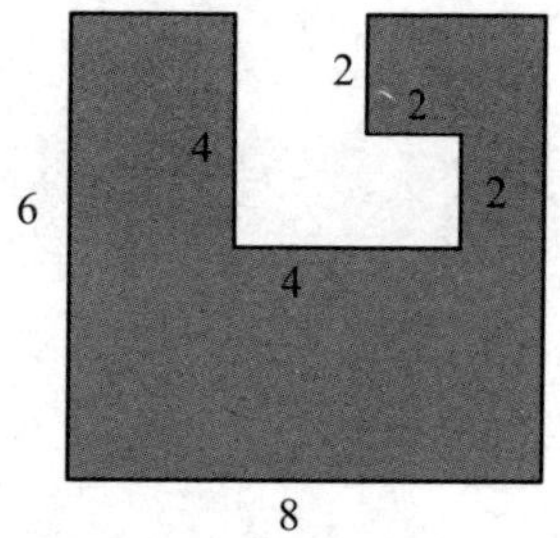

**习题4** 有正方形和长方形菜地各一块，分别用栅栏围起来，正方形的栅栏比长方形的栅栏多用了10米。已知：正方形的边比长方形的长多1米。请问：长方形的长比宽多几米？

**习题5** 在桌面上，将一个边长为10厘米的正方形向右无滑动地滚动一周，如下图所示。请问：顶点$A$经过的路程是多少厘米？

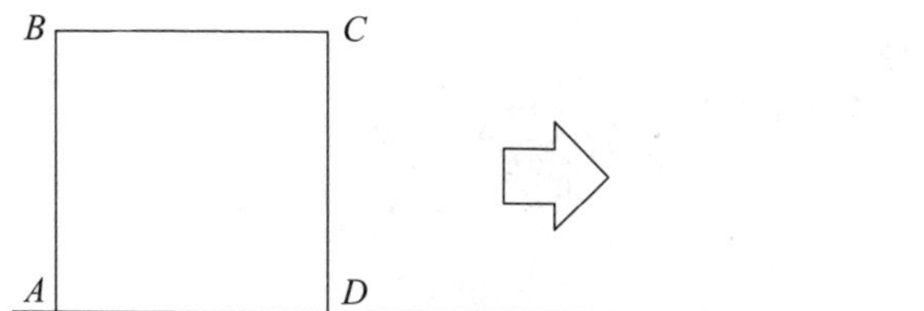


**习题6** 一个直径为10厘米的半圆，$AB$是它的直径。若点$A$不动，将整个半圆沿逆时针旋转30°，新半圆的直径为$AC$。将新旧图形重合在一起，如下图所示。请问：阴影部分图形的周长是多少？

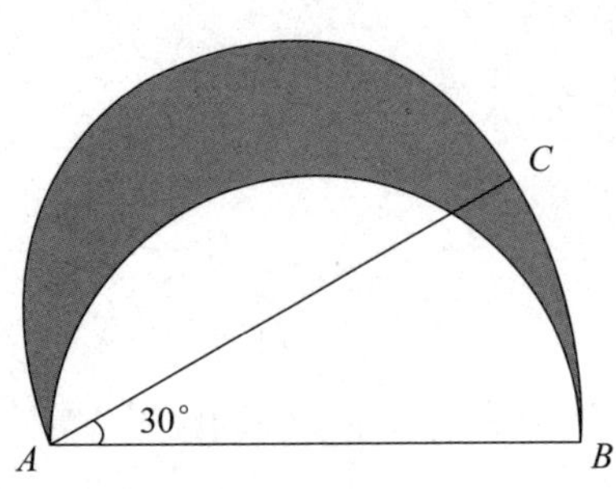


**习题7**　3个彼此相同的圆叠在一起，圆周的交点分别是点$A$、$B$、$C$，恰好这3个圆的圆心也是点$A$、$B$、$C$，如下图所示。已知：圆的半径为10厘米。请问：阴影部分图形的周长是多少？

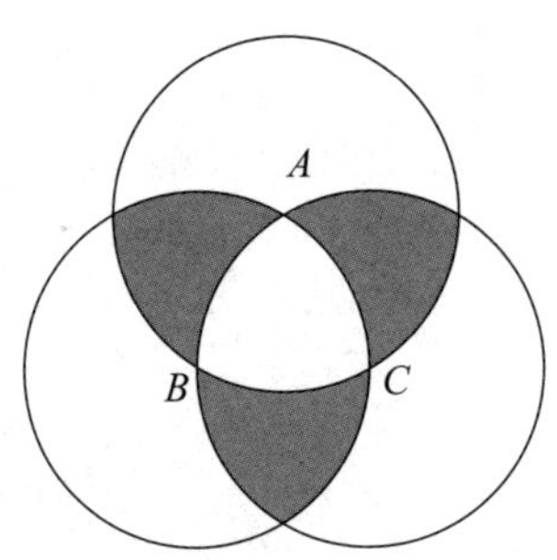


**习题8**　如下图所示，小刚用铁丝折成了4个直径依次增大的圆圈，它们紧密地连接在一起，圆心在一条直线上。已知：两端的长度为50厘

米。请问：折成4个圆圈至少要用多长的铁丝？

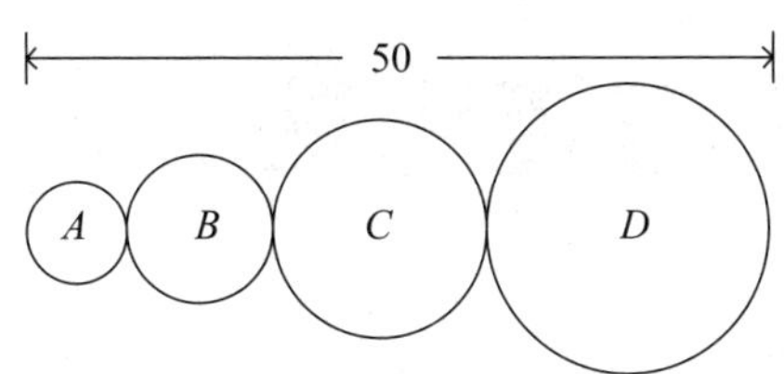

# 31 计算面积

## 割补法与转化法

在平面上，将一个图形从一处移动到他处，周长、面积等将保持不变。一些图形看起来不规则，通过剪切、平移、拼接等方法使它们成为规则图形，便于计算其面积或周长等，这种方法就是割补法。

割补法在我国古代的数学著作中称为出入相补原理，最早由数学家刘徽（约225—约295）正式提出。

求面积的题目中，所谓的转化法就是通过割补、平移、旋转等方法得出一个面积相等的新图形，使新图形的面积更容易计算。遇到疑难问题，尤其是陌生、复杂的难题，要知难而上，开动脑筋，将其转化成自己熟悉的问题，往往会出现“柳暗花明又一村”的效果。

**例题31.1** 有一块不规则的木板，它的每条边都是直线段，或者互相平行，或者互相垂直，各边的长度如图31-1所示（单位：厘米）。请问：这块木板的面积为多少？

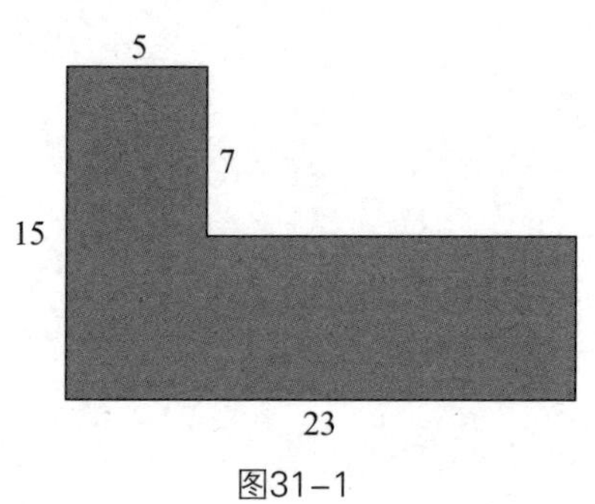


图31-1

## 解答

这块木板的形状不规则，应用割补法，让它成为规则图形。

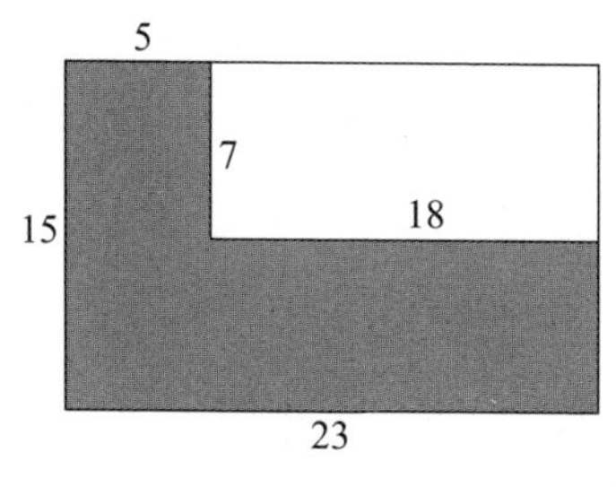


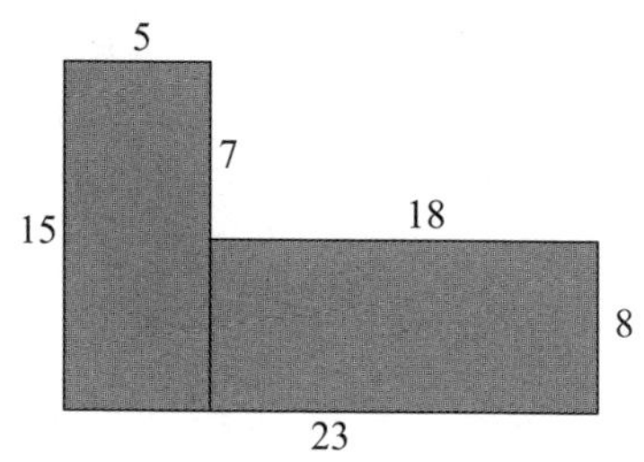


图31–2

如图31–2所示，可以通过填补一块7×18（厘米）的长方形，使它成为一个大的长方形，或者将它分割成5×15（厘米）和8×18（厘米）两个小的长方形。两种方式的面积计算方式如下：

$$15\times23-7\times18=219（平方厘米）$$

$$或15\times5+18\times8=219（平方厘米）$$

因此，这块木板的面积为219平方厘米。

**例题31.2** 一块大正方形的木板中间被抠了一个窟窿，这个窟窿也是正方形，如图31–3所示。已知：大正方形的边长为15厘米，小正方形的边长为6厘米。请问：这块木板的面积为多少？

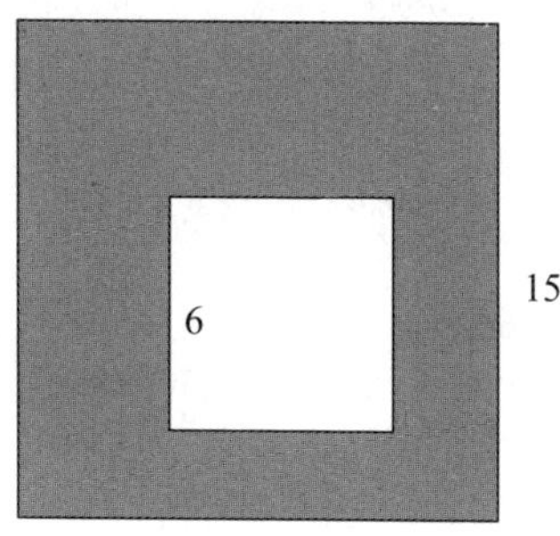


图31–3

## 解答

这块木板的面积等于大正方形与小正方形的面积之差。

$$15^2-6^2=189\text{（平方厘米）}$$

无论小正方形在大正方形内部的哪个位置，它们的面积之差保持不变。

因此，这块木板的面积为189平方厘米。

**例题31.3** 如图31–4所示，△*ABC*是直角三角形，点*E*是AC上的点，四边形 *BDEF*是正方形。

已知：AE=8cm，EC=5cm，*CD*比*DB*短。

请问：阴影部分图形的面积是多少？

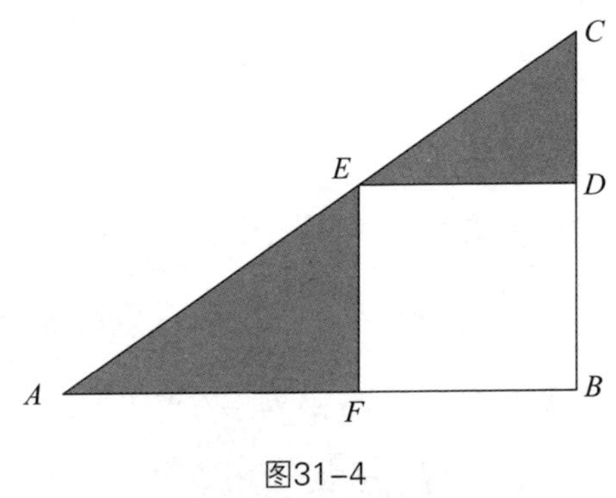


图31–4

## 解答

应用转化法。根据已知条件，可以在*FB*上取点*G*，使得*FG*=*CD*。如图31–5所示。

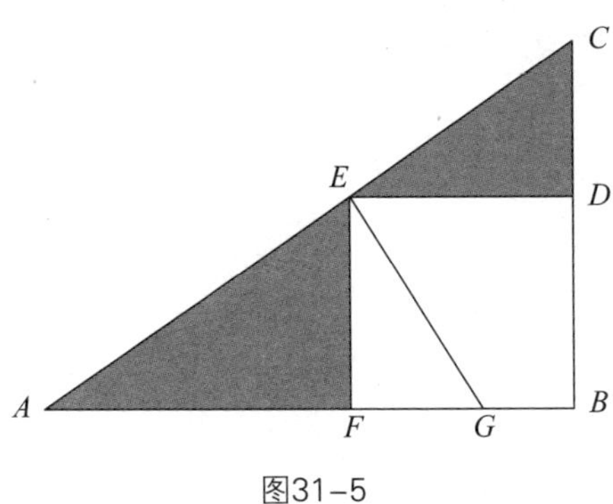


图31-5

$\triangle CDE$与$\triangle GFE$是完全相等的直角三角形。阴影部分的面积等于$\triangle AEG$的面积。

因为$\angle AEF+\angle CED=90°$，所以$\angle AEF+\angle GEF=90°$，所以

$\triangle AEG$是直角三角形。

$$S_{\triangle AEG}=\frac{1}{2}\cdot AE\cdot EG=\frac{1}{2}\times 8\times 5=20\ (\mathrm{cm}^2)$$

因此，阴影部分的面积为20 $\mathrm{cm}^2$。

**例题31.4** 如图31-6所示，五边形$ABCDE$中，已知：$\angle C=\angle E=135°$，$\angle A=\angle B=\angle D=90°$。AB＝8厘米，AE=3厘米，CD= 5 厘米。请问：五边形的面积是多少？

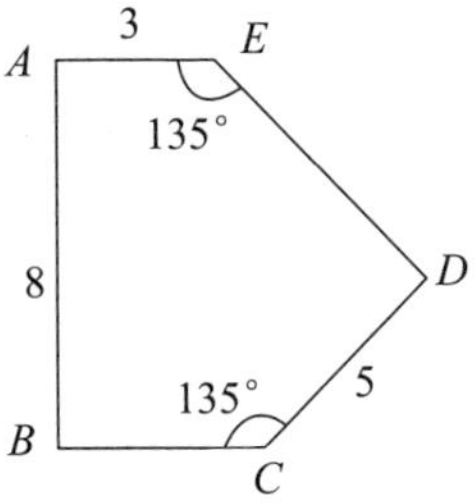

图31-6

## 解答

延长$BA$、$DE$，二者交于点$F$。延长$ED$、$BC$，二者交于点$G$。如图31-7所示。

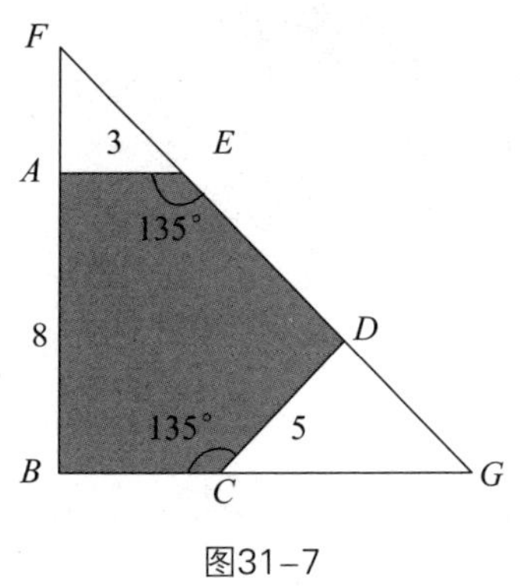


图31-7

根据已知条件，增加了两个等腰直角$\triangle AEF$与$\triangle CDG$，使得$\triangle FBG$成为等腰直角三角形。

因为$l_{AF}=l_{AE}$，则$l_{BF}=l_{AB}+l_{AF}=11$（厘米），所以

$$S_{\triangle FBG}=\frac{1}{2}FB^2=\frac{1}{2}\times 11^2=60.5\text{（平方厘米）}$$

$$S_{\triangle AEF}=\frac{1}{2}AE^2=\frac{1}{2}\times 3^2=4.5\text{（平方厘米）}$$

$$S_{\triangle CDG}=\frac{1}{2}CD^2=\frac{1}{2}\times 5^2=12.5\text{（平方厘米）}$$

$$60.5-(4.5+12.5)=43.5\text{（平方厘米）}$$

因此，五边形$ABCDE$的面积是43.5平方厘米。

**例题31.5** 点$E$、$M$是长方形$ABCD$的边的中点，点$G$、$H$是$AE$、$ED$的中点。如图31-8所示，已知：阴影部分图形的面积是12平方厘米。请

问：长方形$ABCD$的面积是多少？

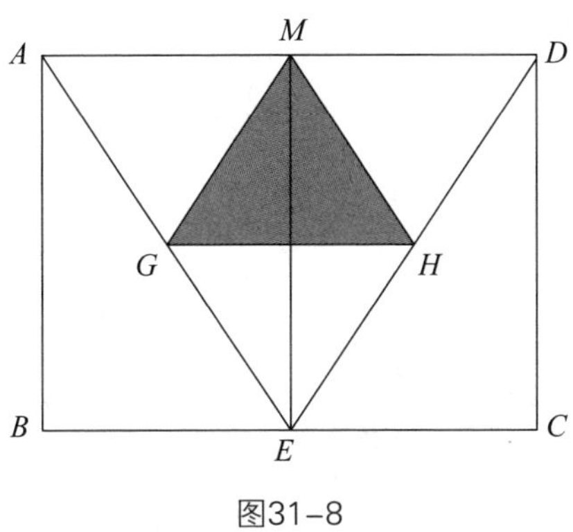

图31–8

## 解答

根据已知条件，将长方形$ABCD$分割成16个全等的小三角形。如图31–9所示。

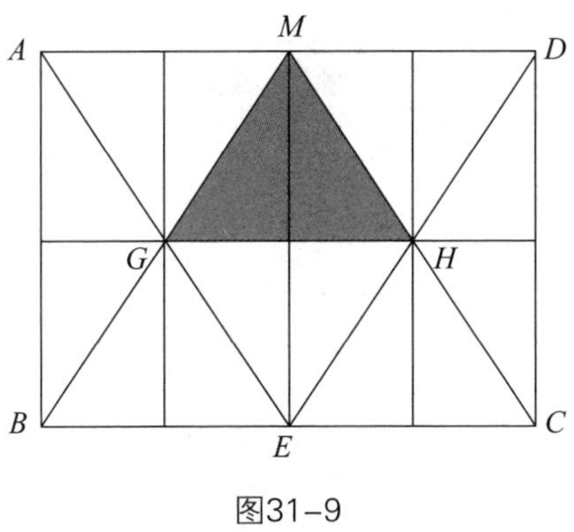

图31–9

阴影部分图形有两个小三角形，它的面积为12平方厘米，则小三角形的面积为6平方厘米。

$$16\times6=96（平方厘米）$$

因此，长方形$ABCD$的面积为96 平方厘米。

## 习题三十一

**第1题** 学校有一块菜地，菜地的边缘由线段构成，或者垂直或者平行，长度如图所示（单位：米）。请问：菜地的面积是多少？

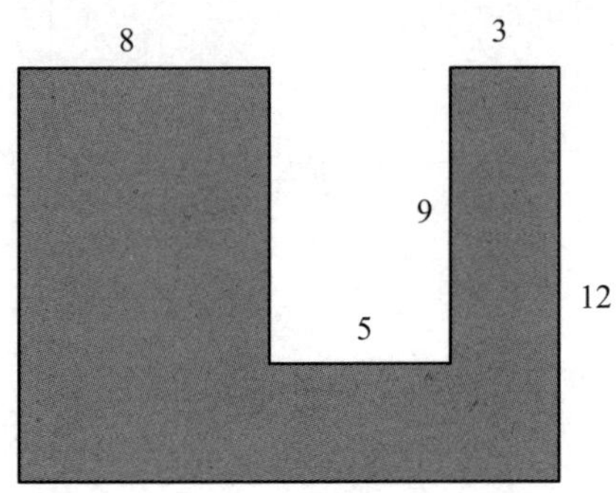


**第2题** 4个大小相同的长方形拼成了一个正方形，如下图所示。已知：长方形的长为18厘米，宽为6厘米。请问：阴影部分图形的面积是多少？

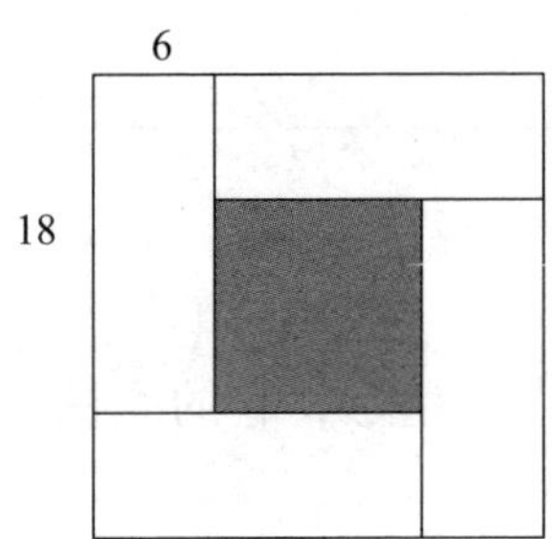

**第3题** 公园内有一块长方形的草地，草地长为15米，宽为12米。草坪中修建了两条宽为2米的小路，小路的两条边为直线。如下图所示。请问：草地的面积是多少?

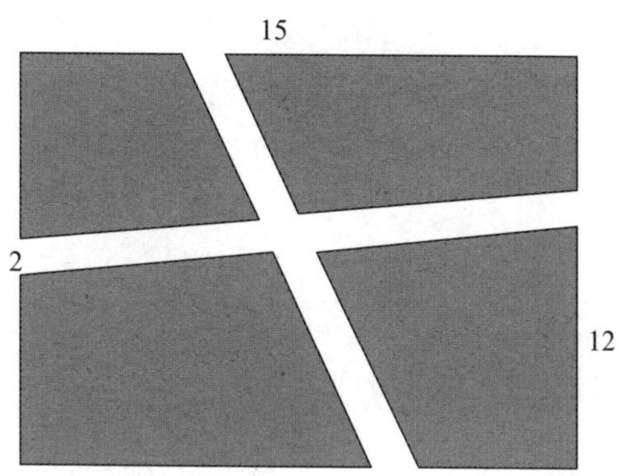


**第4题** 如下图所示，边长分别是5厘米和3厘米的两个正方形拼在一起，底边在一条直线上。请问：阴影部分图形的面积是多少?

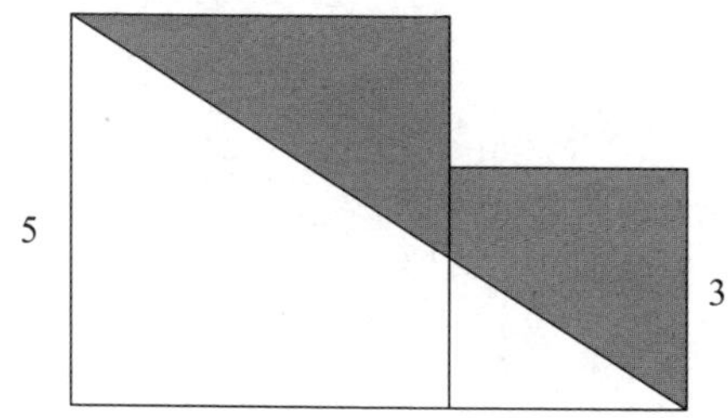


**第5题** 如下图所示，连接大小两个正方形的顶点，两个正方形的边长分别是10厘米和4厘米。请问：阴影部分图形的面积是多少?

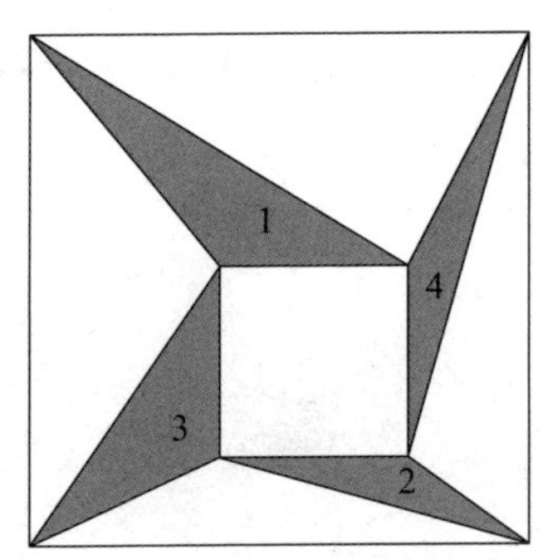


**第6题** 如下图所示，小正方形的中心$A$恰好是大正方形的1个顶点。大正方形保持不动，小正方形可以围绕着中心旋转。大、小正方形交于点$B$和点$D$。已知：大正方形的边长是12厘米，小正方形的边长是5厘米。请问：大、小正方形重叠部分（四边形$ABCD$）的面积是多少？

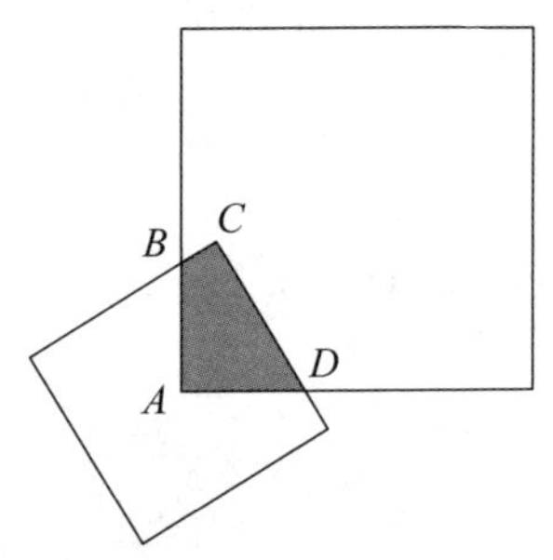


**第7题** 如下图所示，正方形$ABCD$与等腰直角三角形$BEF$重叠在一起，它们交于点$M$、$N$。点$M$、$N$是$AD$、$CD$的中点。已知：五边形$ABCNM$的面积是49平方厘米。请问正方形$ABCD$和三角形$BEF$的面积分别是多少？

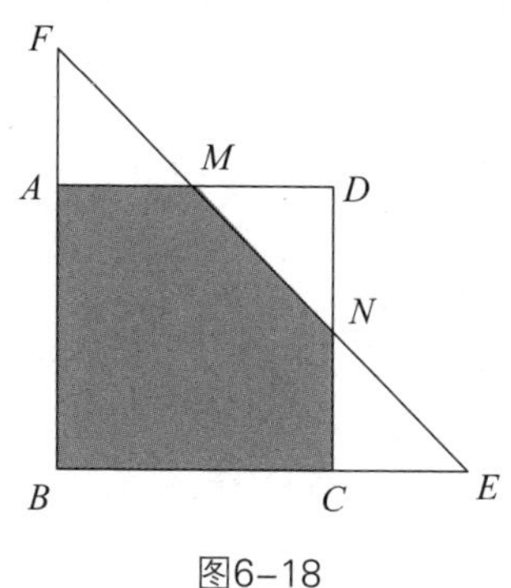

图6-18

**第8题** 如下图所示，正方形$AEGF$与长方形$ABCD$有公共边$AE$和$AF$。已知：FD＝5厘米，EB=8厘米。阴影部分图形的面积是170平方厘米。请问：△$DBG$的面积是多少？

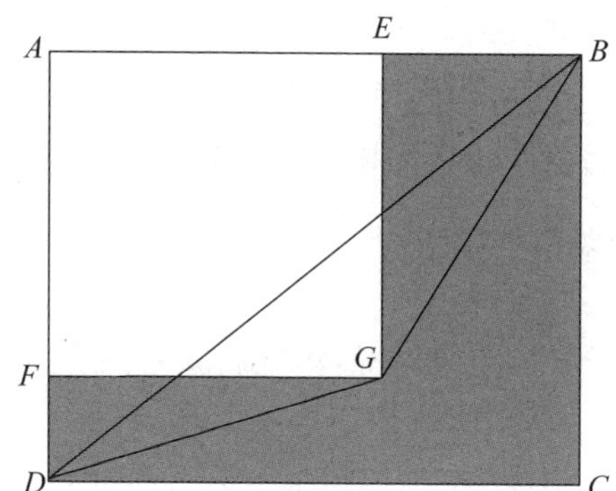

# 32 竞争方案

# 游戏必胜的策略

战国时期，军事家孙膑曾在魏国工作，被同门师兄庞涓诬陷，失去两条腿上的髌骨，落下残疾。后来，他逃往齐国，成为齐国将军田忌的门客。田忌非常欣赏孙膑的才华，将他举荐给齐王。公元前341年，在马陵之战中，孙膑出奇制胜，大败庞涓的军队。庞涓最后自刎而死。

司马迁所著《史记》中记录了“田忌赛马”的故事。当时，齐威王和齐国贵族之间经常举办赛马比赛。他们的赛马各三匹，分别为上、中、下三等。整个比赛分三场，若取得两场胜利，就获得整个比赛的胜利。每匹马只能参加一场比赛。有一次，齐威王和田忌赛马。孙膑对田忌说：“您只管下注，我有办法让您赢。”田忌相信孙膑的才能，为比赛下了重注。孙膑采用了最优的竞争方案，最后帮助田忌获得了比赛的胜利。

**例题32.1** 孙膑用田忌的上等马对齐威王的中等马、田忌的中等马对齐威王的下等马、田忌的下等马对齐威王的上等马。为什么说这是最优的竞争方案?

**解答**

记齐威王的上、中、下三匹马分别为A、B、C，田忌的上、中、下三匹马分别为$a$、$b$、$c$。

根据题意，全部的比赛方案按出场的赛马表示，共有6种结果，如表32-1所示：

表32-1

| | | 第1场 | 第2场 | 第3场 |
|---|---|---|---|---|
| 比赛方案 | 1 | A *a* | B *b* | C *c* |
| | 2 | A *a* | B *c* | C *b* |
| | 3 | A *b* | B *a* | C *c* |
| | 4 | A *b* | B *c* | C *a* |
| | 5 | A *c* | B *a* | C *b* |
| | 6 | A *c* | B *b* | C *a* |

正常情况会选择方案1。用田忌的上等马对齐威王的上等马、田忌的中等马对齐威王的中等马、田忌的下等马对齐威王的下等马。但是，国王的马都略好于大臣，田忌想取得两场胜利很难。

而方案5，用田忌的上等马对齐威王的中等马、田忌的中等马对齐威王的下等马、田忌的下等马对齐威王的上等马。采用这个方案，田忌取得二胜一负的概率最大，是最优竞争方案。

**例题32.2** 将16枚棋子彼此挨着排列成一条线。甲、乙二人每人每次只能取1枚棋子或者挨在一起的两枚棋子（如果两枚棋子之间的棋子被取走了，就不算挨着，不能一次取走），谁最后拿到棋子就算赢。甲先取子，他如果想必胜，应该如何取？

**解答**

甲先取，取走中间的两枚棋子。如图32-1所示。这时，左右两侧各有

7枚棋子。白色背景的圆圈表示棋子已经被取走。

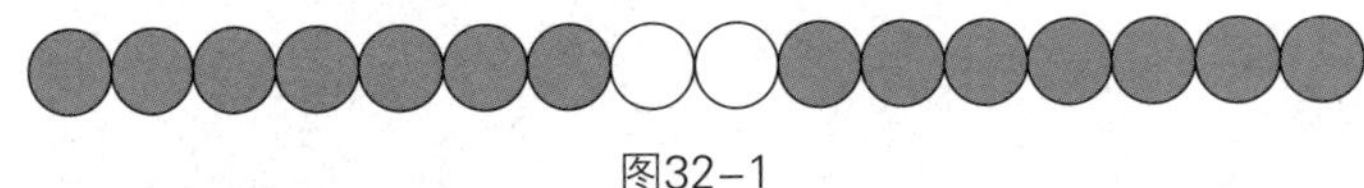
图32-1

接下来，乙无论怎么取，甲就在另一侧取左右对称的棋子，保持左右对称状态。应用对称性取得胜利的方法称为对称法。

最后，左右两侧各剩1枚棋子，且由乙来取。

这样，甲必胜。

**例题32.3** 一个棋盘由1×25的方格构成，如图32-2所示。甲在棋盘最左侧的方格中放1枚黑棋，乙在棋盘最右侧的方格中放1枚白棋，二人轮流下棋，每次可以将自己的棋子前进1格或者2格，但不能越过对方的棋子。如果一方逼迫另一方无法前进，就取得胜利。甲先下，如何保证自己取得胜利？

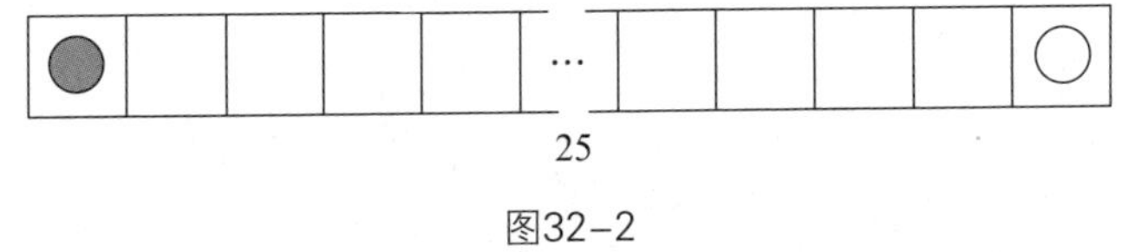

图32-2

## 解答

采用“倒着推”的思路解决问题。如果甲乙双方出现图32-3所示的局面：黑白棋子之间有三个方格。

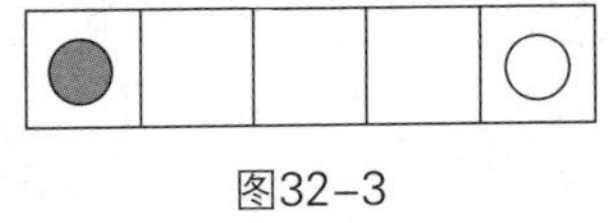
图32-3

这时，乙先走，甲取得胜利。

有两种情况：

① 乙走1格，甲持黑走2格，甲胜。

② 乙走2格，甲持黑走1格，甲胜。

每次每方只能走1格或者2格，所以甲方只要保证双方距离的格数是3的倍数，就能保证胜利，这种方法称为取余法。

开始，双方距离的格数为

$$25-2=23$$

$$23\div(1+2)=7\cdots\cdots2$$

因此，甲前进2格，使双方距离21个格。

然后，若乙走1格，甲就走2格；若乙走2格，甲就走1格。只要甲保证双方距离的格数为3的倍数，就能取得最后的胜利。

**例题32.4** 一张纸由3×10的小正方形构成，如图32-4所示。甲、乙二人轮流沿着表格线剪开纸片，然后将产生的两张纸中选出一张送给对方再剪一刀，如此重复进行。谁先剪出一个小方格，就获胜。

甲先剪，如果他想取胜，应该如何剪？

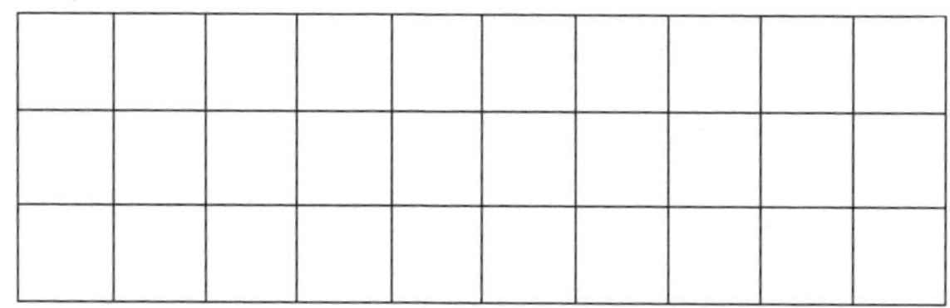

图32-4

## 解答

甲若想取得胜利，就需要得到$1 \times m$（$m=2$，3，…）的纸片，这时，他可以一刀剪出一个$1 \times 1$的方格，取得胜利。

沿着这个思路，甲如果想获得$1 \times 2$的纸片，在上一步时，就需要送给乙$2 \times 2$的纸片。这时，乙只能沿中间剪一刀，将$1 \times 2$的纸片送给甲。

所以，甲的竞争方案如下：

第1步：甲第一剪将纸片分成$3 \times 3$和$3 \times 7$两部分，然后将$3 \times 3$的纸片送给乙。$3 \times 3$的纸片如图32–5所示。

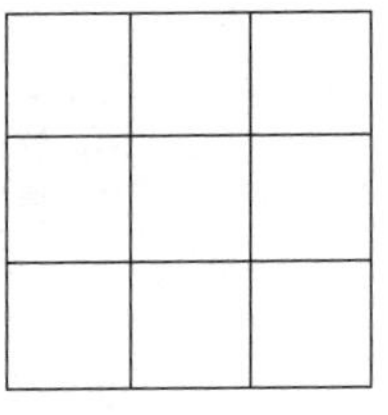

图32–5

乙只能将这张纸片剪成$1 \times 3$和$2 \times 3$两部分，并且只能将$2 \times 3$的纸片送给甲，如图32–6所示。

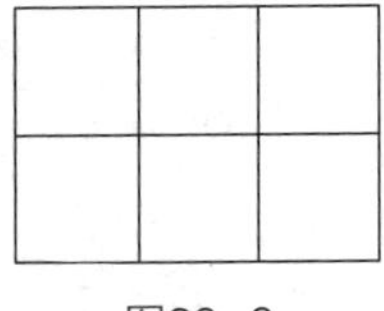

图32–6

第2步：甲将$2 \times 3$的纸片剪成$1 \times 2$和$2 \times 2$两部分，将$2 \times 2$的纸片送给乙。

也就是说，甲只要每一步保证剪出一个正方形，并将这个正方形送给

乙，就能获胜。

**例题32.5** 桌子上放了两堆棋子，分别有11颗、9颗。小红和小花两个人玩“拿棋子”游戏。她们轮流“拿棋子”，每人每次只能在一堆棋子中拿走棋子，最少拿1颗，最多将这堆棋子全部拿走。最后拿到棋子的人获胜。小红先拿棋子，小花如果想获胜，她应该如何拿？

**解答**

应用“倒着推”的思路考虑问题。

桌子上剩下两堆棋子，并且每堆棋子都只有1颗。这时，谁先拿棋子，另一方将取胜。

小红先拿棋子，她不可能将一堆棋子都拿走，否则，小花将获胜。

这样，不管小红在哪一堆棋子中拿了多少颗，小花紧跟着就在另一堆棋子中拿棋子，使得两堆的棋子数量同样多。

最后，总会出现两堆棋子，每一堆只剩下1颗的情形，且轮到小红拿。

小花应用对称法，能确保自己胜利。

**例题32.6** 桌子上放了三堆棋子，分别有3颗、4颗和7颗。小明和小刚玩“拿棋子”游戏。两个人轮流拿走棋子，每人每次只能在一堆棋子中取棋子，至少1颗，最多可以将一堆棋子全拿走。最后拿到棋子的人获胜。小明先拿棋子，如果小刚想获胜，他应该如何制定竞争方案？

## 解答

应用“倒着推”的思路考虑问题，以下场景均由小明先拿棋。

1. 桌子上剩下2堆棋子

小明若直接拿走一堆棋子，小刚就把另一堆全部拿走，获得胜利。

小明若拿走一堆棋子中的一部分，应用对称法，小刚在另一堆拿棋子，使得两堆棋子的数量相等。最后，小刚获得胜利。

2. 桌子上剩下3堆棋子，数量分别是1、2和3

无论小明如何拿棋子，小刚都可以使得桌子上剩下数量相同的两堆棋子。最后，小刚获胜。

3. 桌子上剩下3堆棋子，数量分别是1、4和5

无论小明如何拿棋子，小刚都可以通过拿棋子使得桌子上出现两种情况：①剩下数量相同的两堆棋子；②三堆棋子的数量分别为1、2、3。最后，小刚获胜。

4. 桌上剩下的3堆棋子，数量分别是2、4和6

无论小明如何拿棋子，小刚都可以通过拿棋子使得桌上出现以下三种情况：①桌子上剩下3堆棋子，数量分别是1、4和5；②桌子上剩下3堆棋子，数量分别是1、2、3；③桌子上剩下数量相同的两堆棋子。最后，小刚获胜。

记三堆棋子的数量为（$a,b,c$），其中$a$、$b$、$c$是每堆棋子的数量。显然，（1,2,3）（1,4,5）（2,4,6）并且由小明拿，这些都是对小刚有利的局面。

第1次拿棋子时，小明不能将一堆棋子都拿完，否则小刚将获胜。分

为以下几种情况：

1. 小明拿1颗棋子

（3,4,7）→（2,4,7）→（2,4,6）

（3,4,7）→（3,3,7）→（3,3,0）

（3,4,7）→（3,4,6）→（2,4,6）

2. 小明拿2颗棋子

（3,4,7）→（1,4,7）→（1,4,5）

（3,4,7）→（3,2,7）→（3,2,1）

（3,4,7）→（3,4,5）→（1,4,5）

3. 小明拿3颗棋子

（3,4,7）→（3,1,7）→（3,1,2）

（3,4,7）→（3,4,4）→（0,4,4）

4. 小明拿4颗棋子

（3,4,7）→（3,4,3）→（3,0,3）

5. 小明拿5颗棋子

（3,4,7）→（3,4,2）→（3,1,2）

6. 小明拿6颗棋子

（3,4,7）→（3,4,1）→（3,2,1）

这样，无论小明怎么拿，小刚都将获得胜利。

例题中的“拿棋子”游戏也称为Nim（尼姆）游戏，据专家考证，Nim游戏起源于中国。

两个游戏者轮流从$n$堆石子（每堆石子数量任意）中取出任意颗石子，每次只能从同一堆里取，至少取一颗，最多可以将一堆石子全部拿走，谁取到最后的石子，就获得胜利。

Nim游戏的规则很简单，如果没有清晰的竞争策略想获得比赛胜利并不容易。1901年，美国哈佛大学的查尔斯·布顿（1869—1922）发现了Nim游戏的必胜策略，它与每堆石子数量的二进制应用有关。

1940年的纽约世界博览会上，西屋电气公司曾经展出过一台可以玩Nim游戏的机器。这台机器上有4排（每排有7个）小灯泡，玩家可以在任意一排上关闭一个或者全部的灯，与机器轮流进行操作，谁熄灭了最后1盏灯，谁就是赢家。在展会持续期间，这台机器获得了近10万场胜利。这台机器被认为是人工智能在游戏领域的最早应用。

## 习题三十二

**第1题** 甲、乙二人轮流在一张圆形的桌面上放硬币，每一枚硬币的规格完全相同。双方约定：硬币之间不能重叠，硬币必须全部覆盖桌面，谁放置最后一枚硬币，而对方无处可放，谁就取得胜利。甲先放，他如何才能保证胜利?

**第2题** 将13块石子均匀地围成一个圈，两块石子之间没有其他石子称为相邻，两块石子之间出现了空缺就不能称为相邻，如下图所示。两个人轮流拿走石子，每一次取得1块石子，或者取走相邻的两块石子。最后一个拿走石子的人将获得胜利。甲先拿走了1块石子，乙若想取得胜利，应该如何拿？

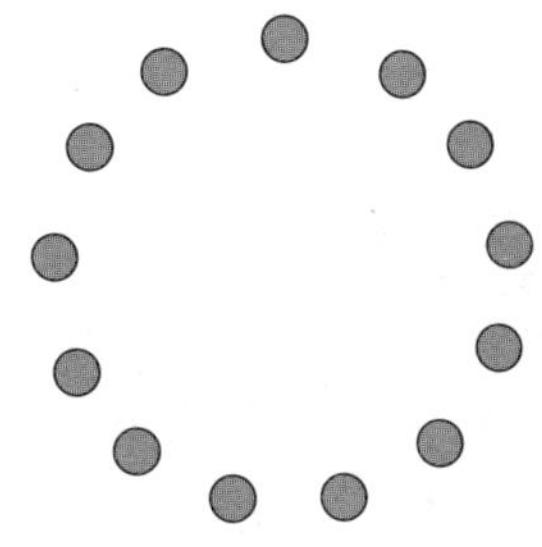

**第3题** 甲乙二人在黑板上从1写到了2024，然后开始轮流擦数字，每1次只能擦1个数字，直到黑板上仅剩下两个数字为止。如果剩下的两个数字是互质数，那么最后擦数字的人胜；如果这两个数字不是互质数，那么最后擦数字的人输。由乙先擦，甲应该怎么做，才能确保胜利？

**第4题** 在江浙一带的民间流传着一种“抢30”的游戏，“抢30”的游戏规则是：甲、乙二人轮流连续地报数，从1开始，每人每次只许按顺序报1个或者2个数，谁先报出30就获胜。甲先报，那么，他能够保证自己获得胜利吗？

**第5题** 有一箱乒乓球，共有50个。甲乙两人轮流拿走其中的乒乓球，最少拿1个，最多拿3个，双方约定：谁拿到最后1个乒乓球，就获得胜利。甲先拿，他应该如何保证自己取得胜利？

**第6题** 小明和小刚设计了一个切华夫饼的游戏。下图是一块8×9的网格华夫饼，二人轮流在华夫饼上切一刀，只能沿格线切，将华夫饼分成两份，然后选取一份让另一方切。谁获得最后一块华夫饼，就获胜。小刚先切，他能保证胜利吗？

**第7题** 桌子上放了四堆火柴，分别有2根、3根、4根和5根。小红和小花一起玩取火柴的游戏，两个人依次轮流拿走火柴，每个人每次只能在一堆火柴中拿，至少拿走1根火柴，最多可将这堆火柴全部拿走，最后拿到火柴的人取得胜利。小红先拿火柴，如果小花想获胜，她应该如何制定竞争方案？

**第8题** 甲乙二人在一个10×10的棋盘上玩游戏。在棋盘左上角的格子（A）上放入1枚棋子。如下图所示，每一步只能将棋子推入右方、下方或者右下方相邻的格子里。二人轮流下棋，谁先将棋子推入右下角的格子（B）中就获得胜利。由甲先推，如果他想取得胜利，应该如何推？

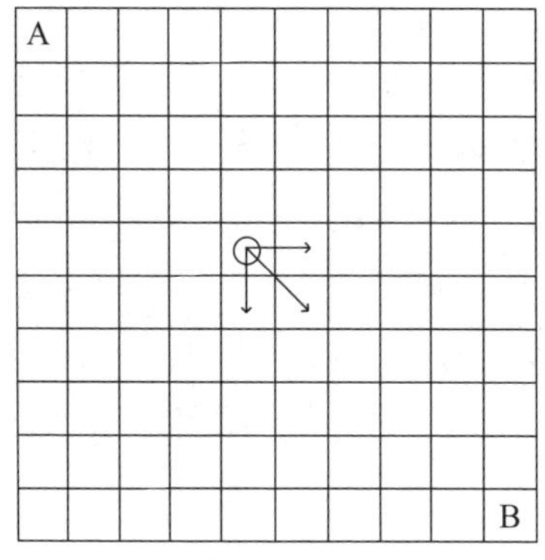

# 附录

# 习题部分提示及答案

## 习题一

**第1题** （1）5050　（2）195

**第2题** 第30项是$11+3\times(30-1)=98$

**第3题** 公差为$\frac{74-28}{30-7}=2$，第7项为28，则第1项为16。

**第4题** 第30天的织布数量为$\frac{390}{15}-5=21$（尺），每天增加的织布数量为$\frac{21-5}{30-1}=\frac{16}{29}$（尺）。

**第5题** 第50级台阶有$1+(50-1)\times2=99$（只）鸽子，塔楼的梯子上共有$(1+99)\times50\div2=2500$（只）鸽子。

**第6题** 每个人摘下的石榴数为偶数数列，8是其中的一项，说明参与摘石榴的人数为奇数，且8是石榴数数列的中间项。一共有$3\times2+1=7$（人）参与摘石榴。

**第7题** 如下表，按题意构造表格，并填各项的数，注意在第11天的变化，第12天恰好掉光全部的果子。

| 天数 | 1 | 2 | 3 | 4 | 5 | 6 | 7 | 8 | 9 | 10 | 11 | 12 |
|---|---|---|---|---|---|---|---|---|---|---|---|---|
| 掉落前树上的果子数 | 58 | 57 | 55 | 52 | 48 | 43 | 37 | 30 | 22 | 13 | 3 | 2 |
| 当天掉下的果子数 | 1 | 2 | 3 | 4 | 5 | 6 | 7 | 8 | 9 | 10 | 1 | 2 |

**第8题** 将这5个人得到的苹果数从小到大排列，奇数项的等差数列的和是中间项与项数的乘积，因此，第三个人有$\frac{600}{5}=120$（个）苹果。假设公差为$d$，则这五个人的苹果数分别是$120-2d$、$120-d$、120、$120+d$、$120+2d$。按题意列方程：$\frac{1}{7}(360+3d)=240-3d$，得$d=55$。这五个人分别获得10、65、120、175、230个的苹果。

## 习题二

**第1题** 记$S=1+2+4+\cdots+1024$　（1）

则$2S=2+4+8+\cdots+1024+2048$　（2）

用式（2）减式（1），得$S=2048-1=2047$

**第2题** 第1项是$1=2^1-1$，第2项是$3=2^2-1$；第3项是$7=2^3-1$，第4项是$15=2^4-1$，第5项是$31=2^5-1$。按这个规律，数列的第10项是$2^{10}-1=1023$

**第3题** $a_n=q^{n-1}$　$a_m=a_2a_3a_5=q^1q^2q^4=q^7$

$m=8$

**第4题** 这5个人分别得到3、9、27、81、243个苹果，一共有363个苹果。

**第5题** 假设在合金中含有1份金，则含有3份银、9份铜、27份锡，合金中的1份

相当于$\frac{320}{1+3+9+27}=8$（克）。则合金含有8克金，含有$8\times3=24$（克）银，含有$8\times9=72$（克）铜，含有$8\times27=216$（克）锡。

**第6题**　假设一只羊的主人赔偿稻田主人家的粮食为1份，则一头牛的主人赔偿的粮食为2份，一匹马的主人赔偿的粮食为4份，按题意，一共有$14\times1+9\times2+8\times4=64$（份）的赔偿，即一份赔偿相当于1斤粮食。8匹马的主人赔偿了32斤粮食，9头牛的主人赔偿了18斤粮食，14只羊的主人赔偿了14斤粮食。

**第7题**　按题意，第15块卖$2^{14}$元钱，商人共得到$1+2+4+\cdots+2^{14}=2^{15}-1=32767$（元）钱。

**第8题**　$S=7^2+7^3+7^4+7^5$，$7S=7^3+7^4+7^5+7^6$用错位相消法，骡子、袋子、面包、餐刀一共有$S=\frac{1}{6}\times(7^6-7^2)=19600$（个）

## 习题三

**第1题**　$987+1597=2584$

$1597+2584=4181$

$1+2+3+5+8+13+\cdots+987+1597$

$=(3-2)+(5-3)+(8-5)+(13-8)$

$+\cdots+(2584-1597)+(4181-2584)$

$=4181-2=4179$

**第2题**　$1^2+1^2+2^2+3^2+5^2+8^2+\cdots+89^2+144^2$

$=144\times(89+144)=33552$

$2^2+3^2+5^2+8^2+\cdots+89^2+144^2=33550$

**第3题**　偶数+奇数=奇数，奇数+奇数=偶数，斐波那契数列{1,1,2,3,5,8,13,…}中，奇偶数的分布按{奇奇偶奇奇偶奇奇偶……}的形式排列，其中第3、6、9、…项为偶数。斐波那契数列前100项中，奇数比偶数多，偶数为33个，奇数为67个，差34个。

**第4题**　这8个自然数构成斐波那契数列，分别为1,1,2,3,5,8,13,21，它们的和为54。

**第5题**　按题意，母牛的数量按年度依次为2,3,4,6,9,13,19,28,41,60头。其特点是第4年起，当年的母牛数是一年前和三年前母牛数之和。第10年有母牛60头。

**第6题**　分析已知条件，找出其中的规律。如下表所示：一级台阶时有1种走法，二级台阶时有2种走法，三级台阶时有4种走法，四级台阶时有$4+2+1=7$（种）走法，五级台阶时有$7+4+2=13$（种）走法，……，十级台阶时有$44+81+149=274$（种）走法。

| 台阶 | 一级 | 二级 | 三级 | 四级 | 五级 | 六级 | 七级 | 八级 | 九级 | 十级 |
|---|---|---|---|---|---|---|---|---|---|---|
| 走法 | 1 | 2 | 4 | 7 | 13 | 24 | 44 | 81 | 149 | 274 |

**第7题**　可以转化为第6题的台阶问题。这样，12颗棋子一共有927种取法。(1,2,4,7,13,24,44,81,149,274,504,927)

**第8题**　一共有9种表示方法。

$89+8+3=100$

$89+8+2+1=100$

$89+5+3+2+1=100$

$55+34+8+3=100$

$55+34+8+2+1=100$

$55+34+5+3+2+1=100$

55+21+13+8+3=100

55+21+13+8+2+1=100

55+21+13+5+3+2+1=100

## 习题四

**第1题** 940+4154+4950=10044

**第2题** 1089×9=9801

**第3题** 1537

**第4题** F=2　A=6　B=3　C=7　E=4　G=1　H=8

**第5题** 61×33=2013

**第6题** 47×234=10998

**第7题** 1116÷36=31

**第8题** 7375428413÷125473=58781

提示：从式中第七行判断，除数的首位一定是1，因为除数是六位数，与7相乘后仍然是六位数。同理，商的十位和千位只能选8或9。

## 习题五

**第1题** 如下图所示，$a$、$b$、$c$、$d$代表不同的数字。假设二阶幻方存在，则有$a+b=c+d$，$a+c=b+d$，两式相减，推导出$b-c=c-b$即$b=c$，矛盾。因此，二阶幻方不存在。

| | |
|---|---|
| $a$ | $b$ |
| $c$ | $d$ |

**第2题**

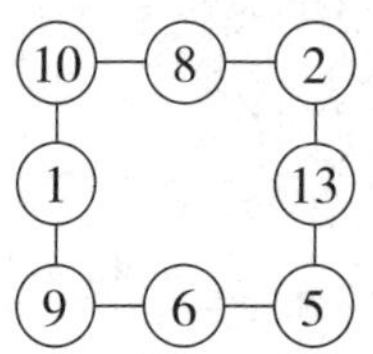


**第3题**

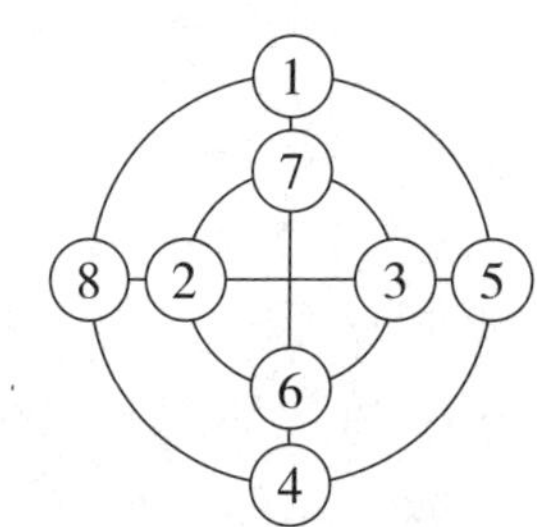


**第4题**

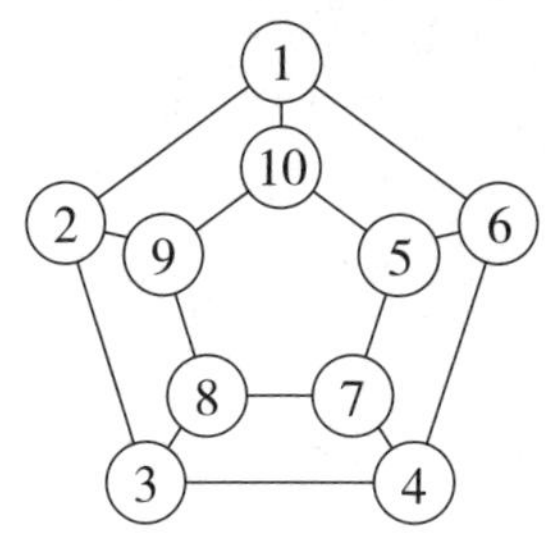


**第5题**

| | | |
|---|---|---|
| 9 | 2 | 7 |
| 4 | 6 | 8 |
| 5 | 10 | 3 |

| | | |
|---|---|---|
| 8 | 15 | 10 |
| 13 | 11 | 9 |
| 12 | 7 | 14 |

| | | |
|---|---|---|
| 12 | 4 | 17 |
| 16 | 11 | 6 |
| 5 | 18 | 10 |

**第6题**

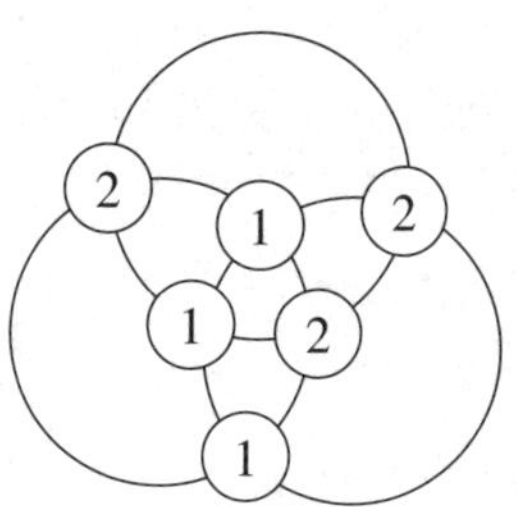


**第7题**

提示：从方格少的区域开始。

| 3 | 5 | 2 | 3 | 2 | 1 |
|---|---|---|---|---|---|
| 2 | 1 | 4 | 1 | 4 | 3 |
| 4 | 6 | 2 | 3 | 2 | 1 |
| 1 | 5 | 4 | 1 | 4 | 3 |
| 3 | 2 | 3 | 2 | 5 | 1 |
| 1 | 4 | 1 | 7 | 6 | 2 |

**第8题**

| 2 | 4 | 3 | 1 |
|---|---|---|---|
| 1 | 3 | 2 | 4 |
| 4 | 2 | 1 | 3 |
| 3 | 1 | 4 | 2 |

| 3 | 1 | 4 | 2 |
|---|---|---|---|
| 2 | 4 | 1 | 3 |
| 4 | 2 | 3 | 1 |
| 1 | 3 | 2 | 4 |

## 习题六

**第1题** （1）185 （2）245 （3）160

**第2题** （1）6370（2）3401（3）73000

**第3题** （1）737 （2）858 （3）62458

**第4题** （1）5625（2）625 （3）4225

**第5题** （1）2009（2）3021（3）5621

**第6题** （1）1156（2）6084（3）370881

**第7题** （1）1400（2）159999

（3）3513

**第8题** （1）33330000

（2）111111111080 （3）200

## 习题七

**第1题** 105天。提示：三女相聚的日期是3、5、7的最小公倍数。

**第2题** （1）17 （2）498

**第3题** 209颗。提示：将棋子多算一颗，恰好是3、5、7的公倍数。

**第4题** 这个立方体由756块空心砖砌成。提示：21、14、9的最小公倍数是126，$\frac{126}{21}=6$，$\frac{126}{14}=9$，$\frac{126}{9}=14$，$6\times9\times14=756$（块）。

**第5题** 19天后又可以在星期六休息。提示：假期结束后的第一天是星期一，假设$m$天后他可以在星期六休息，说明$m+2$恰好是7的倍数。工作8天后休息两天，说明天数$m+1$是10的倍数，即$m+2$除以10余1。

**第6题** 记$S=40a+45b+36c$，且被选定的数为$T$，可验证：$S$除以3的余数为$a$，$S$除以4的余数为$b$，$S$除以5的余数为$c$。再取3、4、5的最小公倍数60。因此，$T=S+60m$，其中$m$为正负整数，而按题意，$T$在0和60之间，因此，$S$除以60的余数恰好是选定的数。

**第7题** 符合条件的因数为10个。提示：按题意，所求的自然数是2017－19＝1998的因数，同时还要满足大于19的条件。这样，题目转化为1998有多少个大于19的因数。$1998=2\times3\times3\times3\times37$，根据因数个数定理，一共有$(1+1)\times(3+1)\times(1+1)=16$（个）因数，其中1、2、3、6、9、18比19小，所以符合条件的因数为10个。

**第8题** （1）余数是1。提示：各位数之和能被9整除，这个数也能被9整除；连续的9个自然数之和能被9整除；连续排列的9个自然数能被9整除。先求出第2017个数是多少。1～9共有9个数；

10～99共有90个两位数，共有180个数；100～999共有900个三位数，共有2700个数。[2017－(9＋180)]÷3＝609……1，当写到609个三位数时，恰好是2016位数，第610个三位数只写出百位就恰好是第2017个数。从100开始，第609个三位数是708，只需要再写出一个7即可。记写到第603个三位数702的大数为T，显然，T可以被9整除。也就是说，只要求出7037047057067077087除以9的余数即可。7037047057067077086可以被9整除。

$$\underbrace{123456789101112\cdots699700701702}_{T}703704705706707708\overset{\text{第2017位}}{\underset{\downarrow}{7}}$$

（2）$2017^2+2^{2017}$除以7的余数为3。提示：2017除以7的余数为1，则$2017^2$除以7的余数也为1。用$2^n$除以7，当$n$是3的倍数时，余数为1；当$n$是3的倍数多1时，余数为2；当$n$是3的倍数多2时，余数为4。$2017=672\times3+1$，因此$2^{2017}$除以3的余数为2。

## 习题八

**第1题**　60位客人。提示：记有$x$位客人，则$\frac{x}{2}+\frac{x}{3}+\frac{x}{4}=65$

**第2题**　1502。　提示：□－252×△－1250＝$\frac{1}{8}$(△－1)　记$s=\frac{1}{8}$(△－1)，那么有□＝2017$s$＋1502，△＝8$s$＋1

**第3题**　黑色笔10支，红色笔12支。

**第4题**　小明在1994年出生。提示：可以首先排除小明2000年及2000年以后出生的情况。这样估计小明出生年份为$\overline{199a}$年，其中$a$为0～9中的整数。则小明的年龄为$2017-\overline{199a}=27-a$（岁），按题意，可列方程$27-a=1+9+9+a$。

**第5题**　1个西瓜，1个菠萝，11个李子。

**第6题**　1元的邮票28张，4元的邮票9张，12元的邮票3张。

**第7题**　一等奖设1名，二等奖设2名，三等奖设5名。提示：第二个方案是一等奖9支铅笔，则一等奖只能有1名。

**第8题：**大牛1头，小牛9头，牛犊90头。提示：设大牛、小牛、牛犊各有$a$、$b$、$c$头，那么，列方程组

$$\begin{cases} a+b+c=100 \\ 10a+5b+\frac{1}{2}c=100 \end{cases}$$

由此得出$19a+9b=100$

变换后有$a-1=9(11-2a-b)$

这说明$a-1$是9的倍数，只能$a=1$。

## 习题九

**第1题**　（1）20＝10＋10（2）17＝9＋8

**第2题**　$n=673$，$2017=671\times3+2\times2$。提示：参考例题9.1。

**第3题**　252，即4、7、9的最小公倍数。提示：7个连续的自然数之和是其中第4个自然数的7倍，9个连续的自然数之和是其中第5个自然数的9倍。而8个连续的自然数之和是其中第4个数、第5个数之和的4倍。

**第4题**　有4种不同的支付方式。提示：1分、2分各5枚，计1角5分，要支付3角3分至少要用4枚5分硬币，问题转化为用1分、2分各5枚，5分硬币1枚，用来支付1角3分，有几种不同的支付方法。

**第5题**　有36种，最大的面积为1296平方厘米。提示：长和宽的组合：1和71，2和70，3和69，…，35和37，以及边长为36的正方形（单位：厘米）。面积最大的是正方形。

**第6题**　有3组解。（1）3只盒子：13，14，15；（2）4只盒子：9，10，11，12；（3）7只盒子：3，4，5，6，7，8，9。

**第7题**　有4种拆分方式，分别是(2,8,18,22)、(4,16,13,17)、(6,24,8,12)、(8,32,3,7)。提示：记4个数依次是$a$、$b$、$c$、$d$，按题意有$a+b+c+d=50$，$b=4a$且$d-c=4$。因为$b=4a$，说明$a+b$是5的倍数，则$c+d$可取值的范围是10、20、30、40。

**第8题**　新砝码重量为17克、51克、153克。最大称重量为229克。

## 习题十

**第1题**　全长740米。提示：

$2\times\{2\times[2\times(50+30)+20]+10\}=740$

**第2题**　三层分别是165、105、90本书。

**第3题**　兄弟三人各自有4、7、13个苹果。

**第4题**　超市原来有776千克的食用油。

**第5题**　一共有8个班级，每个班级领走64棵树苗，一共有512棵树苗。

**第6题**　绅士口袋里原来有42元钱。

**第7题**　农夫留下了15头牛。提示：正确地理解题意，最后加的半头是遗产的一部分，女儿分到牛后，农夫的遗产就分完了，因此，农夫的女儿得到了一头牛。

**第8题**　椰子的数目最少是1021个。提示：这道题也被称为“水手分椰子”，解法和“猴子分桃”的解决方法相似。假设水手采集到的椰子数是$a$，不妨将椰子数增加3个，记$A=a+3$，则水手每次分椰子都可以分成四等份，按题意，一共被分了5次。也就是说，$\frac{3^4}{4^5}A$为整数。这样，$A$中最少包含1个因数$4^5$，也就是说，$A$的最小值为1024，还原后，$a=A-3=1021$。

## 习题十一

**第1题**　甲有$7\frac{2}{17}$两银子，乙有$9\frac{14}{17}$两银子。提示：如果甲和乙银子总和为单位1，那么，12两银子相当于$1-\frac{1}{8}-\frac{1}{6}=\frac{17}{24}$。

$\frac{1}{8}$　5　7　$\frac{1}{6}$

甲　乙

**第2题**　甲45米，乙33米，丙24米。

**第3题**　甲14本，乙19本，丙12本。

**第4题**　甲120两，乙90两。

**第5题**　甲有63头羊，乙有45头羊。

**第6题**　麻雀一只重$1\frac{1}{19}$两，燕子一只重$\frac{15}{19}$两。

**第7题**　甲60两，乙45两，丙30两。

**第8题** 第一堆最少有170颗棋子，在这种情况下，第二堆有40颗棋子。提示：按题意，设从第二堆中取出了$a$颗棋子放到了第一堆。记第一堆和第二堆的棋子总数为单位1，则$100+a$颗相当于棋子总数的$1-\frac{1}{3}-\frac{1}{7}=\frac{11}{21}$，即第一堆和第二堆棋子总数为$\frac{21(100+a)}{11}$，当$a=10$时，棋子数最少（保证棋子总数为自然数）。

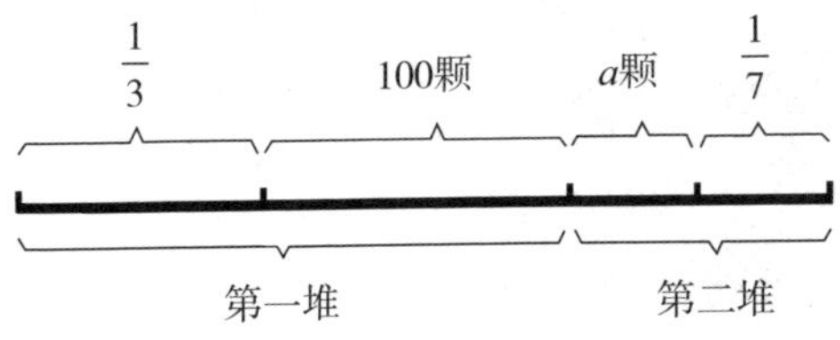


## 习题十二

**第1题** 鸡14只，兔6只。

**第2题** 鸵鸟10头，长颈鹿30头。

**第3题** 男生96人，女生54人。

**第4题** 大船3条，小船7条。

**第5题** 一元30枚，伍角20枚。

**第6题** 鸡6只，兔3只。

**第7题** 一等奖6名，二等奖16名，三等奖32名。提示：用分组法。因为三等奖的人数是二等奖人数的两倍，则设“非一等奖”，奖品是8元，其中包含一个二等奖和两个三等奖。假设全部都是“非一等奖”，则有21个“非一等奖”，余2元。这时，将5个非一等奖换成6个一等奖，恰好将钱全部用完。

**第8题** 14只鸡，63只鸭。提示：若全部买鸭子，最多买84只鸭子并余7元钱。用3只鸭子换2只鸡，差1元钱，交换7次即可将钱用完。

## 习题十三

**第1题** 210。提示：首先判断该数为21的倍数。

**第2题** 10升的48桶，5升的72桶，3升的90桶。提示：判断出3升的桶数是15的倍数，假设为15桶，则5升的是12桶，10升的是8桶。这样，油共有185升。185是1110的$\frac{1}{6}$。

**第3题** 幼儿园的小朋友有50名。提示：不包括老师为95人。设有10名小朋友，则有妈妈5名，爸爸4名，共19名。19是95的$\frac{1}{5}$。

**第4题** 苹果32个，橘子160个。提示：假设买了8个苹果、40个橘子。4天后，苹果吃完了，橘子还剩下40－32=8（个）。8是32的$\frac{1}{4}$。

**第5题** 车上原有1800千克大米。提示：先判断大米的重量是30的倍数。假设是30千克，第一站剩下20千克，第二站剩下16千克，第三站剩下8千克。8是480的$\frac{1}{60}$。还可以尝试用还原法解题。

**第6题** 男生18名，女生12名。

**第7题** 养猪场中共有156只小猪。提示：先判断出小猪数是12的倍数，假设有12个小猪，则用掉7个槽。7是91的$\frac{1}{13}$。

**第8题**　城堡主丢失了45英镑。提示：假设是6英镑，一半的钱是3英镑，剩下的三分之一是1英镑，还剩下2英镑。2是15的$\frac{2}{15}$。

## 习题十四

**第1题**　所有零件要加工$960\times\frac{8}{240}=32$（天），因此，其余零件还要加工$32-8=24$（天）。

**第2题**　需要$\frac{14\times2200}{2800}=11$（天）可以完成。提示：加工速度与工期成反比例。

**第3题**　甲、乙两地相距21千米。提示：距离相同时，速度与时间成反比例。

**第4题**　四年级1班35人，2班42人，3班48人。提示：每班的人数是自然数，取6和7的最小公倍数，1班、2班、3班的学生人数的连比例为35∶42∶48。

**第5题**　可以加工小麦$1620\times\frac{5}{3}\times\frac{8}{6}=3600$（千克）。提示：先计算5台6小时的加工量，然后再计算5台8小时的加工量。

**第6题**　富翁的全部财产价值$1.2\div\frac{2}{5}=3$（亿元）。提示：1.2亿元相当于$1-\frac{1}{2}-\frac{1}{2}\times\frac{1}{5}=\frac{2}{5}$。

$\frac{1}{2}$　　$\frac{1}{10}$　　1.2亿

**第7题**　金610克，铜190克，锡290克，铁110克。提示：金在皇冠中的含量占比为$\left(\frac{2}{3}+\frac{3}{4}+\frac{3}{5}-1\right)\div2=\frac{61}{120}$。

**第8题**　甲144万元，乙48万元，丙12万元。提示：假设丙的出资为单位1，则乙方的出资为4，甲方的出资为12，甲乙丙全部的出资为$1+4+12=17$。

## 习题十五

**第1题**　2小时20分钟。

**第2题**　3小时20分钟。

**第3题**　这批零件各300个，共600个。

**第4题**　乙休息了8天。提示：甲休息了3天，相当于工作了14天。

**第5题**　排水管被误开了15分钟。

**第6题**　需要2日的时间。

**第7题**　俯瓦和仰瓦各$25\frac{1}{3}$片。提示：制作俯瓦和仰瓦各一片需要工时$\frac{1}{38}+\frac{1}{76}$。

**第8题**　需要半年时间。提示：记一间屋子的工作量为1，甲的工作效率为1/年，乙为$\frac{1}{2}$/年，丙为$\frac{1}{3}$/年，丁为$\frac{1}{6}$/年。甲乙丙丁四个人合作的总效率为$1+\frac{1}{2}+\frac{1}{3}+\frac{1}{6}=2$。

## 习题十六

**第1题**　两车经过4小时相遇。

**第2题**　甲35千米，乙21千米。提示：甲乙5小时后相遇，各自走了7小时。

**第3题**　A、B之间的距离为44千米。提示：距离与速度成正比。如下图所示，2千米相当于A、B之间的$\frac{6}{11}-\frac{1}{2}=\frac{1}{22}$。

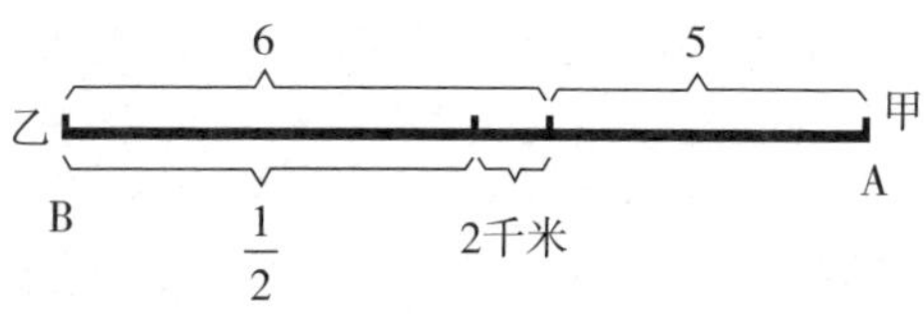


**第4题** 良马需要20日才能追上劣马。

**第5题** $33\frac{1}{3}$里。提示：按题意，如下图所示，乙走了100里，甲走了70里，他们的速度比是10∶7，即当乙和甲相遇时，甲走的距离是乙走的距离的$\frac{7}{10}$，10里相当于乙走的距离的$\frac{3}{10}$。

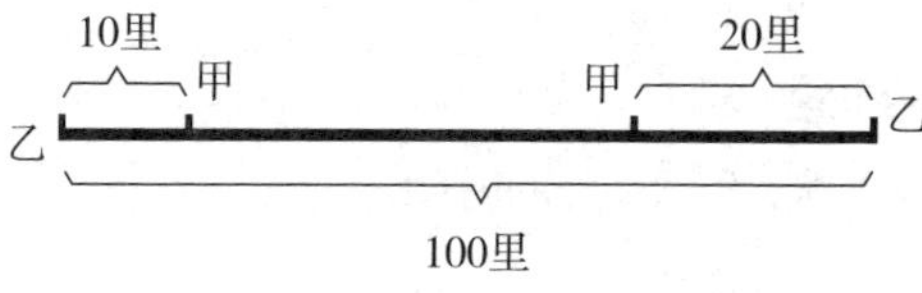


**第6题** 2小时后，乙追上甲。

**第7题** 4分钟后甲再次遇到乙。提示：甲比乙多跑了一圈400米。

**第8题** 蒲草和莞草在$2\frac{6}{13}$日时的高度相同。提示：按题意，蒲草每日生长的长度为等比数列$\{3,\frac{3}{2},\frac{3}{4},\cdots\}$，每日结束时的高度为$\{3,4\frac{1}{2},5\frac{1}{4},\cdots\}$。同理，莞草每日结束时的高度为$\{1,3,7,\cdots\}$。第3日结束时，莞草高度超过蒲草，二草高度相同时发生在第三日内。

## 习题十七

**第1题** 从车头上桥，到车尾离开，需要25秒。

**第2题** 火车全长是400米。提示：设火车全长是$a$，则$(1200+a):a=60:15$。

**第3题** 18辆车。提示：车队的长度为$115\times4-200=260$（米），假设有$n$辆车，则按题意，车队的长度为$[5n+10(n-1)]$（米）。

**第4题** 快车超过慢车需要1分钟。提示：$(210+270)\div(30-22)=60$（秒）

**第5题** 公共汽车离开乙32秒后，甲、乙相遇。提示：18千米/小时=5米/秒，甲的速度为2米/秒，乙的速度为1米/秒，公共汽车的车尾离开甲，30秒后汽车车头靠近乙，又2秒后，车尾离开乙。甲相对于汽车的速度为3米/秒，说明车尾离开乙时，甲乙二人的距离为$32\times3=96$（米）。

**第6题** 客车车身长$12\times8=96$（米）。货车车身长度为$9\times8=72$（米）。

**第7题** 3.6千米。提示：28.8千米/小时=8米/秒 1米/秒=3.6千米/小时

**第8题** 应安排在D站相遇。A站开出的列车行驶到D站等候11分钟即可。提示：AE的距离是：$225+25+15+230=495$（千米）。两列列车相遇的地点离D站最近，在DE之间靠近D站5千米处。A站开出的火车到D站的时间为4小时25分钟，从E站开出的火车到达D站的时间为4小时36分钟。

## 习题十八

**第1题** 再过5年爸爸的年龄是笨笨的4倍。

**第2题**　甲35岁，乙20岁。

**第3题**　兄弟二人的年龄分别是10岁和6岁，爸爸的年龄是32岁。

**第4题**　爸爸40岁，小东10岁，爸爸比小东大30岁。

**第5题**　姐姐的年龄为22岁。提示：姐姐和弟弟的年龄差为13－9=4（岁），弟弟的年龄为(40－4)÷2=18（岁）。

**第6题**　欢欢8岁，妈妈30岁，爸爸34岁。提示：10年前欢欢未出生，年龄为零。

**第7题**　2011年时，爷爷60岁，睿睿6岁，爷爷的年龄是睿睿的10倍。

**第8题**　这个人的年龄是48岁。

## 习题十九

**第1题**　这棵树的高度是225厘米。

**第2题**　一共有80个小球。

**第3题**　哥哥每分钟走120米，弟弟每分钟走100米。提示：在相同的时间内，距离和速度成正比。

**第4题**　小王跑步从A地去B地需要48分钟。提示：假设小王步行的速度为$v$，$AB$两地的距离为$S$，则小王跑步的速度为$2v$，骑车为$4v$。有$\frac{S}{4v}+\frac{S}{v}=2$，得$\frac{S}{v}=\frac{8}{5}$。

**第5题**　小王从家到单位为16千米。提示：汽车再多行驶6千米，小王能少迟到10分钟，说明6千米的路开车比骑自行车快10分钟，则汽车的速度为400米/分钟，小王骑自行车的速度为240米/分钟。

**第6题**　甲承包了64千米，乙承包了48千米。提示：假设甲承包了$a$千米，乙承包了$b$千米，按题意，甲承包的60%相当于乙承包的40%的2倍，即$3a=4b$。

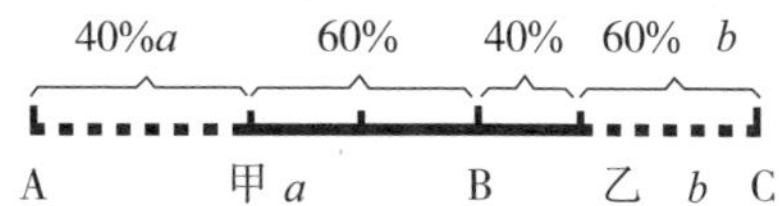


**第7题**　A桶的容积是480升，B桶的容积是400升，C桶的容积是560升。

**第8题**　甲、乙、丙队的工作效率之比是4∶6∶3。提示：设A工程的工作量为1，则B工程的工作量为2，C工程的工作量为3。再设若干天后甲完成的工作量为$a$，乙完成的工作量为$b$，丙完成的工作量为$c$，按题意有：$b+2a=2$，$c+3b=3$，$c+a=1$。

## 习题二十

**第1题**　可供18只羊吃6天。

**第2题**　有12台抽水机，6天可抽干水库。

**第3题**　地球上最多能养活75亿人。提示：按题意，假设地球现有资源为1，则每年增加的资源为$\frac{1}{42}$，每1亿人每年消耗的资源量为$\frac{1}{3150}$，而$\frac{1}{42}\div\frac{1}{3150}=75$，也就是说，75亿人对资源的消耗恰好能被地球资源的增长而满足，地球的人口若再增加，资源就会被消耗完。

**第4题**　同时打开7个检票口，12分钟后就没人排队了。

**第5题**　用9台这样的水泵，10分钟可以抽干这井里的水。

**第6题** 第三块草地可供19头牛吃8天。

**第7题** 这群牛原来的头数为40头。提示：设草场原有的草量为1，则每天增加的草量为$\frac{9}{240}$，每头牛每天吃掉的草量为$\frac{1}{240}$。

**第8题** 丙仓库还需要36名工人才能按时完成任务。提示：假设每个工人每小时的工作量为1，这样，可以计算出每台皮带输送机每小时的工作量为12，即每台皮带输送机相当于12个工人。

## 习题二十一

**第1题** 间隔$90\div(19+1)=4.5$（米）。

**第2题** 相邻的电线杆之间的距离实际为$(201-1)\times50\div(126-1)=80$（米）。

**第3题** 场地周围可以种100棵树。

**第4题** 明明的爸爸从1楼到10楼需要18分钟。提示：假定每个人上楼梯的每一个台阶的速度是均匀的并且每楼的台阶数量相同。按题意，明明上一层楼的台阶需要6分钟，则明明的爸爸上一层楼的台阶需要2分钟。

**第5题** 全部锯完这5根木料需要150分钟。

**第6题** 木棍将被锯成12段。提示：4和6有公因数2，有一条刻度线重合。一共有11条独立的刻度线。

**第7题** 公园四周种了150棵柳树，300棵山槐，一共450棵树。

**第8题** 车队通过检阅台需要12分钟。提示：车队的长度为$32\times4+31\times6=314$（米）。

## 习题二十二

**第1题** （1）一共有9人，鸡的价钱是70元。（2）人数是21人，羊的价值150元。

**第2题** 甲有48金，乙有69金。提示：可转化为容器问题。

**第3题** 白玉8立方寸，计2800克；石头19立方寸，计5700克。

**第4题** 育新学校四年级共有8个班级。买回来的足球为36个，篮球为18个。

**第5题** 餐厅里有14张桌子，旅行团共有50名旅客。

**第6题** 苹果84个，橘子48个。

**第7题** 大猴20只，小猴10只。

**第8题** 大包装箱中有苹果30个，小包装箱中有苹果15个。

## 习题二十三

**第1题** 只有（3）可以一笔画出来。其他汉字的奇数顶都多于两个。

**第2题** 图案（3）的眼镜图案，奇数顶有6个，不能一笔画出来。图案（1）和图案（2）都可以一笔画。

**第3题** 都可以。

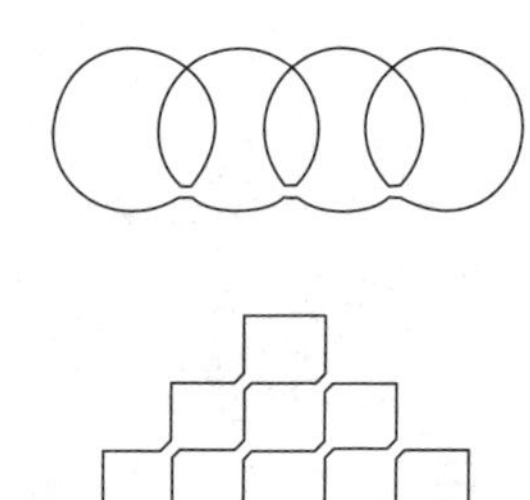

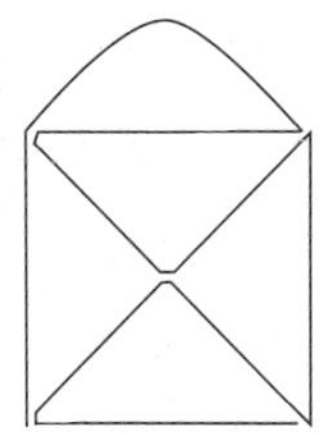

**第4题**　图案（4）有奇数顶，其他图案没有奇数顶。

**第5题**　图案（4）没有奇数顶，其他图案都有奇数顶。

**第6题**　从1号门进入一号馆，以后依次通过3号门、5号门、7号门、8号门、4号门、2号门、6号门、9号门。

**第7题**　公园内道路中B门和C门的交叉口是奇数顶，因此，出入口宜设在B门和C门处，例如B门为入口、C门为出口。

**第8题**　一共有216种不同的走法。

## 习题二十四

**第1题**　6种。

**第2题**　48种。提示：B有4种选择，则C为3种，A、D为2种。

**第3题**　96种。提示：B、E、D颜色各不相同。B有4种选择，E为3种，D为2种，A、C均为2种。

**第4题**　1280种。提示：如图所示，B环的颜色有5种选择，则D环和E环的颜色有4种选择，同理，A环和C环也各有4种选择。

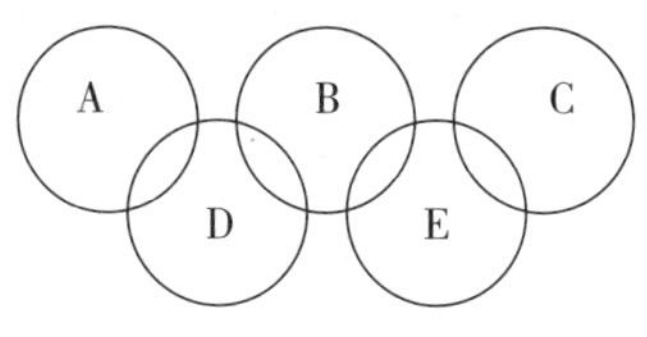


**第5题**　260种。提示：分两种情况分析。第1种情况A和D区不同色，有$5\times4\times3\times3=180$（种）；第2种情况，A和D区同色，有$5\times4\times4=80$（种）。

**第6题**　120种。提示：第1种情况：$A_3$和$A_6$同色，$A_1$颜色有4种选择，则$A_3$和$A_6$有3种，$A_5$有2种，$A_2$有2种，$A_4$有1种，即$4\times3\times2\times2$（种）着色方案；第2种情况：$A_3$和$A_5$同色，同理也有$4\times3\times2\times2$（种）着色方案；第3种情况：$A_3$、$A_6$及$A_5$均不同色，则有$4\times3\times2$（种）着色方案。综合上述情况，根据加法原理，共有120种着色方案。

**第7题**　1200种。提示：参考第6题的分析，注意可选择颜色的变化。

**第8题**　420种。提示：可以转化为例题24.4的同类问题。

## 习题二十五

**第1题**　5次。按抽屉原理和最不利原则，最多摸出5次即可。

**第2题**　10个球。提示：按最不利原则，先取出3个红色球，然后是3个黄色球，接着是3个蓝色球，第10个球或者是黄色球或者是蓝色球。

**第3题**　7人。提示：每个同学都借阅了一种或者两种类型的图书，那么按借阅的种类划分，一共有6种可能性。

**第4题**　王老师说的对。提示：46名学生的成绩除3人外的分数均86分以上，说明其他43名学生的分数分别为87分至100

分，按分数构造14个抽屉即可。

**第5题** 按植树的多少分类，从50到100株，可以构造51个抽屉，这个问题就转化为至少有5人因植树株数相同放在同一个抽屉里。假设抽屉里的人数均不超过5人，说明一个抽屉里的人数最多是4人，故植树的总株数最多为4×(50+51+…+100)=15300（株），而这与题目中植树的总株数为15301株矛盾。因此，至少有5人的植树株数相同。

**第6题** 画出正方形的相对两条边的中线，会发现这两条中线将正方形划分成四个相同的区域，并且这些区域中的任意两点的距离不大于正方形对角线的一半。按抽屉原理，正方形内的任意5点必然有两个点属于同一个区域。

**第7题** 提示：等差数列1,3,5,…,99构造出25个抽屉，分别为{1,99}，{3,97}，{5,95},…,{49,51}。

**第8题** 提示：画出边长为1的大正方形的相对两条边的中线，会发现这两条中线将正方形划分成四个相同的小正方形，每个小正方形内不同线的三点组成的三角形的最大面积不大于$\frac{1}{8}$，只要能说明大正方形中的任意9个点，必然有三个点落在某一个小正方形内即可。

## 习题二十六

**第1题** ①75÷3=25，先用75元钱买来25瓶汽水；②25÷5=5，全部喝完后，再用25个空瓶子换5瓶汽水；③5÷5=1，再次喝完后，用5个空瓶子换1瓶汽水。综合以上三个步骤，25+5+1=31，聪聪最多可以请小朋友喝31瓶汽水。

**第2题** 由1人划船，每个来回运送4人去对岸，3个来回后，第7次渡河5个人一道到了对岸，不需要返回。一共需要7×5=35（分钟）才能使全部人到达对岸。

**第3题** ①骑黄牛，赶红牛，耗时2分钟；②骑黄牛返回，耗时1分钟；③骑黑牛，赶花牛，耗时8分钟；④骑红牛返回，耗时2分钟；⑤骑黄牛，赶红牛，耗时2分钟。一共耗时2+1+8+2+2=15（分钟）。

**第4题** ①带一只狗过河，独自返回；②带一只羊过河，带狗返回；③带羊过河，独自返回；④带狗过河。

**第5题** ①商人和强盗各一个过河，强盗留下，商人返回；②两个强盗过河，一个强盗返回；③两个商人过河，一个商人和一个强盗留下，一个商人和一个强盗返回；④两个商人过河，一个强盗返回；⑤两个强盗过河，一个强盗返回；⑥两个强盗过河。

**第6题** ①小狮子和小老虎过河，小老虎留下，小狮子返回；②大狮子和大老虎过河，大老虎留下，大狮子返回；③大狮子和小狮子过河。

**第7题** ①两个孩子过河，一个孩子返回；②爸爸过河，一个孩子返回；③两个孩子过河，一个孩子返回；④妈妈过河，一个孩子返回；⑤两个孩子过河。

**第8题**　调度方案的主要步骤如下图所示：

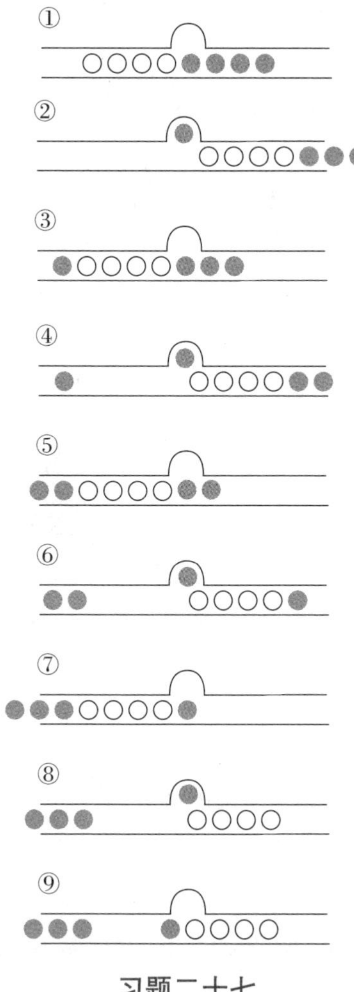


## 习题二十七

**第1题**　将可以装12杯水的桶称为“水桶”，容量为9杯的桶称为“大桶”，容量为5杯的桶称为“小桶”。水在各个容器中的状态记为$(x,y,z)$。①将水桶中的水倒入小桶，直到小桶被倒满。(12,0,0)→(7,0,5)。②将小桶中的水倒入大桶。(7,0,5)→(7,5,0)。③将水桶中的水倒入小桶，小桶被倒满。(7,5,0)→(2,5,5)。④将小桶中的水倒入大桶，大桶被倒满。(2,5,5)→(2,9,1)。⑤将大桶中的水全部倒入水桶中。(2,9,1) →(11,0,1)。⑥将小桶的水全部倒入大桶中。(11,0,1)→(11,1,0)。⑦将水桶的水倒入小桶中，小桶被倒满。(11,1,0)→(6,1,5)。⑧将小桶的水全部倒入大桶中。(6,1,5)→(6,6,0)。

**第2题**　①用7克砝码，分出7克盐。这时，食盐被分成7克、133克两份。用7克砝码和2克砝码把133克盐分为64克盐和69克盐。这时，食盐被分成7克、64克、69克三份。②用7克砝码和7克盐从64克盐中分出14克盐。这样，得到一袋50克盐。

**第3题**　需要3个13克砝码和4个9克的砝码。

**第4题**　用10只5克的砝码以及2只23克的砝码。提示：用5克和23克两种砝码在天平秤中称出4克的重物，说明这两种砝码分别放在两个托盘中，假设用$m$个5克的砝码，$n$个23克的砝码。这样，问题转化为求丢番图方程$5m+23n=4$的解，并且要求$|m|+|n|$最小。其中，$|m|$表示$m$的绝对值；$m$和$n$一个为正数，另一个为负数，代表它们被放置在天平秤的两端。

**第5题**　①用3升的容器量出3升米，倒入7升的容器中；②用3升容器量出3升米，倒入7升容器中，7升容器中6升米；③用3升容器量出3升米，倒入7升容器，直到7升容器被倒满，这时，3升容器中有2升米；

④将7升容器中的米倒回米袋中，再将3升容器中的2升米倒入7升容器中；⑤用3升容器量出3升米，倒入7升容器中。这时，7升容器中有5升米。

**第6题** ①将5升的容器装满水，再倒入6升的容器，6升的容器中有5升水；②将5升的容器装满水，再倒满6升容器，则5升容器中剩下4升水；③将6升容器里的水倒掉，将5升容器中剩下的4升水倒入6升的容器中；④将5升的容器装满水，用5升容器中的水将6升容器装满，则5升容器中剩下3升水。

**第7题**

| 步骤 | 0 | 1 | 2 | 3 | 4 | 5 | 6 | 7 | 8 | 9 | 10 | 11 |
|---|---|---|---|---|---|---|---|---|---|---|---|---|
| 12斤水桶 | 12 | 5 | 5 | 10 | 10 | 3 | 3 | 8 | 8 | 1 | 1 | 6 |
| 7斤水桶 | 0 | 7 | 2 | 2 | 0 | 7 | 4 | 4 | 0 | 7 | 6 | 6 |
| 5斤水桶 | 0 | 0 | 5 | 0 | 2 | 2 | 5 | 0 | 4 | 4 | 5 | 0 |

**第8题**

| 步骤 | 0 | 1 | 2 | 3 | 4 | 5 | 6 | 7 | 8 | 9 | 10 | 11 | 12 | 13 |
|---|---|---|---|---|---|---|---|---|---|---|---|---|---|---|
| 14升容器 | 14 | 5 | 5 | 10 | 10 | 1 | 1 | 6 | 6 | 11 | 11 | 2 | 2 | 7 |
| 9升容器 | 0 | 9 | 4 | 4 | 0 | 9 | 8 | 8 | 3 | 3 | 0 | 9 | 7 | 7 |
| 5升容器 | 0 | 0 | 5 | 0 | 4 | 4 | 5 | 0 | 5 | 0 | 3 | 3 | 5 | 0 |

## 习题二十八

**第1题** 最外层有$(15-1)\times4=56$（人）。

**第2题** 最外层有80人，最里层有40人。

**第3题** 共用了144个棋子。

**第4题** 总人数为308人。提示：最外层68人，中间一层44人，则最内层为$44\times2-68=20$（人），各层人数成等差数列，公差为8。

**第5题** 44枚棋子。提示：64枚棋子摆成的两层空心方阵最外围的棋子数为36。

**第6题** 153棵。提示：栽种的树组成17行9列的阵列。

**第7题** 36枚硬币，总价值为1元8角。提示：若要排列成实心正方形，硬币数为4，9，25，36，49，……。若要排列成实心的正三角形，硬币数为3，6，10，15，21，28，36，45，……。

**第8题** 参加团体操的人数最少为100人。

提示：根据代数恒等式$(m^2-n^2)^2+(2mn)^2=(m^2+n^2)^2$，取$n=1$，则方阵$(m^2+1)\times(m^2+1)$去掉两列和两行后可以变成$(m^2-1)\times(m^2-1)$以及$2m\times2m$两个方阵。

取$m=2$时，$5\times5$的方阵减少两行两列变成$3\times3$的方阵，而减下来的人变成了一个$4\times4$的方阵，比$3\times3$的方阵大，不符合题意；

取$m=3$，则原来的团体操人数为100人。

## 习题二十九

**第1题** 他无法完成参观计划。提示：用黑白相间的方法染色。

**第2题** 这个设想无法实现。提示：因为有45个座位，用黑白相间的方式对座位染色，黑白座位的数量不同。如果互换成功，因为相邻座位一黑一白，则黑白座位的数量相同。矛盾。

**第3题**　根据奇偶性分析，无法用9个T形图拼成6×6的大正方形。提示：用黑白相间的方法进行染色，然后应用奇偶性分析。

**第4题**　无法用1个2×2的正方形和15个1×4的长方形拼成6×6的大正方形。提示：无论1个2×2的正方形放在什么地方，都可以按以下要求染色：2×2正方形占据的4个方格全是黑色，其他部分按2×2正方形黑白相间的方式涂色（如下图所示）。这样，6×6大正方形的黑白方格的数量是相同的。如果可以用1个2×2的正方形和15个1×4的长方形拼成6×6的大正方形，2×2的正方形占了4个黑格，1×4的长方形占的四格黑白各2个，黑格比白格多4个。矛盾。

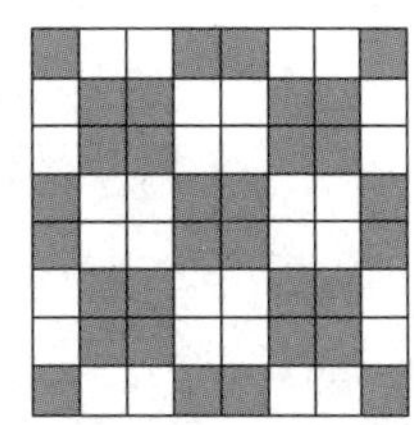

**第5题**　不可能剪成。提示：按黑白相间的方式对40个小正方形染色。

**第6题**　提示：在平面上作一个矩形，然后将它分成12个部分，如下图所示。

$AA_6$上有7个点$A$、$A_1$、…、$A_6$，根据抽屉原理，至少有4个被染成同一种颜色。

不妨取$A$、$A_1$、$A_2$、$A_3$这4个点都是黑色的。

那么，点$B$、$B_1$、$B_2$、$B_3$中最多有1个点是黑色的，否则就找到了一个4个顶点都是黑色的矩形。

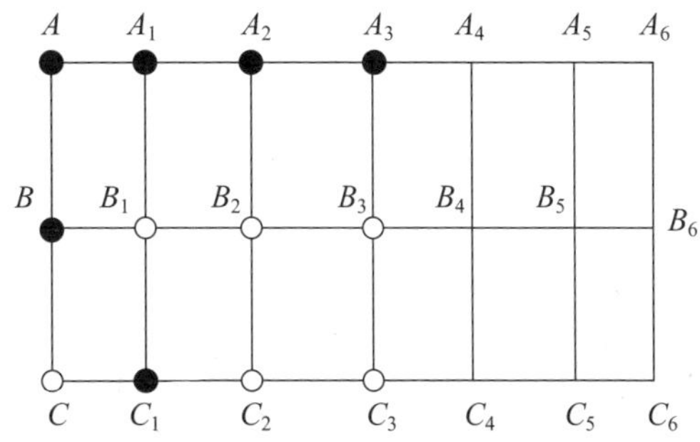


同理，点$C$、$C_1$、$C_2$、$C_3$也最多有1个点是黑色的。

这已经找到了一个4个顶点都是白色的矩形。

**第7题**　提示：在平面上，作两个同心圆。记它们的圆周分别为1和2，圆心为点$O$。

在圆周1找出9个点，记为$A_1$、$A_2$、…、$A_9$，显然，其中任意三个点都不共线。

从圆心O出发，引9条不同的射线，分别经过点$A_1$、$A_2$、…、$A_9$，交圆周2于点$B_1$、$B_2$、…、$B_9$。

根据抽屉原理，9个点中至少有5个点的颜色相同。不妨取圆周1上的点$A_1$、$A_2$、$A_3$、$A_4$、$A_5$的颜色相同。如下图所示。

根据抽屉原理，点$B_1$、$B_2$、$B_3$、$B_4$、$B_5$这5个点中至少有3个同色。不妨取圆周2上的点$B_1$、$B_2$、$B_3$的颜色相同。

根据圆的性质，$\triangle A_1A_2A_3$和$\triangle B_1B_2B_3$是相

似三角形。

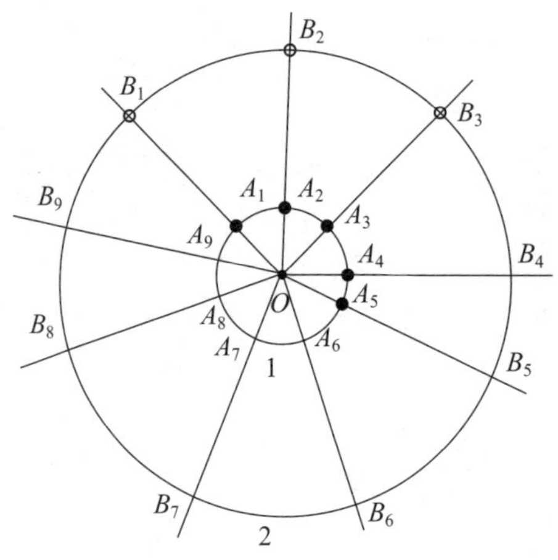


**第8题** 提示：根据抽屉原理，16条3种颜色的连线，必有6条同颜色的线；5条2种颜色的连线必定有3条线同色。

## 习题三十

**第1题** 拼成的图形周长是36厘米。

**第2题** 拼成的图形周长为60厘米。

**第3题** 阴影部分图形的周长为40米。

**第4题** 长方形的长比宽多3米。提示：设未知数，列方程解题。

**第5题** 顶点A经过的路程约53.60厘米。提示：正方形无滑动地滚动一周，按正方形的边落地为节点，可以分为4个阶段，每个阶段分别讨论。

**第6题** 阴影部分图形的周长是36.63厘米。提示：求扇形的弧长。

**第7题** 阴影部分图形的周长是94.2厘米。提示：阴影部分图形由大小相等的三部分构成。每部分由3段大小相同的圆弧围成，每一段圆弧的圆心角为60°。

**第8题** 用铁丝折4个圆，至少要用长度为157厘米的铁丝。提示：虽然每个圆直径不可能确定，但是它们的直径之和等于50厘米。

## 习题三十一

**第1题** 菜地的面积为147平方米。

**第2题** 阴影部分的面积为144平方厘米。

**第3题** 草地的面积为130平方米。提示：将小路移动至边缘，草地的面积保持不变。

**第4题** 阴影部分图形的面积为14平方厘米。

**第5题** 阴影部分图形的面积为24平方厘米。

**第6题** 阴影部分图形的面积为6.25平方厘米。提示：小正方形旋转时，两个正方形重叠部分的面积保持不变。

**第7题** 正方形$ABCD$的面积是56平方厘米，$\triangle BEF$的面积为63平方厘米。提示：可以将原图切割成10个小直角三角形。

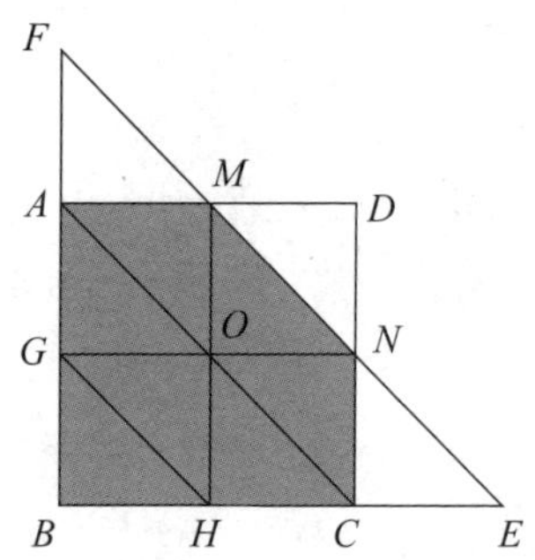


**第8题** $\triangle DBG$的面积等于30平方厘米。

提示：通过列方程，求出正方形$AEGF$的边长。

## 习题三十二

**第1题**　提示：甲先占据圆桌的中心位置，然后应用对称法，就能取得胜利。

**第2题**　提示：应用对称法。甲先拿走1枚石子，其他12枚石子左右各6个。

**第3题**　将这些数字两两组对，(1，2)(3，4)……(2021，2022)(2023，2024)，只要乙擦掉括号里的一个数，甲就把另一个数擦掉。提示：相差为1的两个自然数是互质数。

**第4题**　甲无法保证胜利。提示：每个人只能报1个或者2个数。甲先报数，然后，乙应用取余法，只要始终报到3的倍数即可获胜。

**第5题**　应用取余法。50 ÷ (1+3)=12……2。甲先拿2个乒乓球，以后，无论乙怎么拿，甲只要保证余下乒乓球的数量是4的倍数即可。

**第6题**　小刚先切，只要他每次剪出一个正方形，并且把正方形交给小明切，就能获得胜利。

**第7题**　提示：参考例题中介绍的三堆棋子的Nim游戏，用"倒着推"的思路解决问题。小花要始终保持对自己的有利局面。

**第8题**　提示：应用染色法，如下图所示。甲只要始终将棋子推入黑格，乙只能按规则将棋子推入白格。最后，甲获胜。

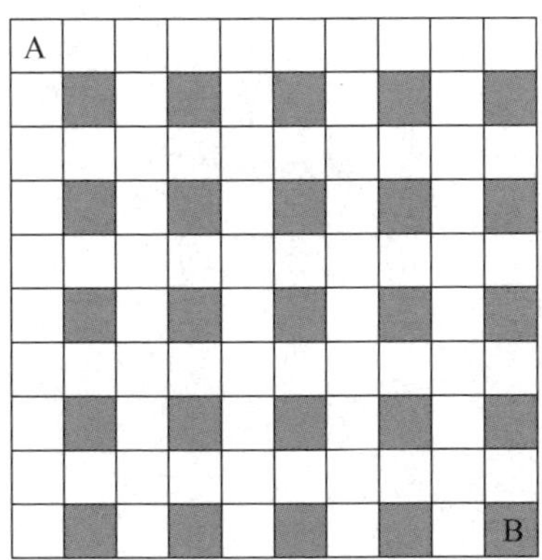